·过鱼设施丛书·

金沙江下游洄游鱼类行为与高坝过鱼

安瑞冬 李 嘉 王小明 唐锡良 著

科学出版社

北 京

内 容 简 介

西南山区河流生态系统脆弱，复杂地形条件下高坝工程过鱼实施困难。本书依托国家自然科学基金项目和国家重点研发计划课题，以金沙江下游乌东德、白鹤滩水电站过鱼设施设计、建设和运行经验为案例，在系统分析典型洄游鱼类生态行为特点的基础上，确定过鱼设施选型、布置以及参数设计。通过原位观测和实际过鱼效果分析，优化过鱼设施的进口布设；开展物理模型试验和数值模拟解析生态水力学因子的空间格局，预测鱼类轨迹和坝下集群分布；以生态监测指导过鱼设施与机组合理调度，形成生态友好的高坝过鱼技术。本书部分插图附有彩图二维码，在各章结尾处扫码可见。

本书可供水利水电工程设计施工和运行从业人员，高等院校本科生、研究生，科研院所专业研究人员参考。

图书在版编目（CIP）数据

金沙江下游洄游鱼类行为与高坝过鱼 / 安瑞冬等著. 北京：科学出版社，2024.6. -- （过鱼设施丛书）. --ISBN 978-7-03-078911-2

Ⅰ. Q959.4；S956

中国国家版本馆 CIP 数据核字第 20243D1F71 号

责任编辑：闫　陶　郝　聪 / 责任校对：周思梦
责任印制：彭　超 / 封面设计：无极书装

科 学 出 版 社 出版

北京东黄城根北街 16 号
邮政编码：100717
http://www.sciencep.com

武汉市首壹印务有限公司印刷
科学出版社发行　各地新华书店经销

*

2024 年 6 月第　一　版　　开本：787×1092　1/16
2024 年 6 月第一次印刷　　印张：13 1/2
字数：320 000

定价：98.00 元

（如有印装质量问题，我社负责调换）

序

我国是一个多山的国家，山区面积约占陆地面积的 2/3。山区普遍面临生态环境脆弱、地质条件复杂、山地灾害频发、工程规模巨大及经济社会发展水平较低等一系列突出问题。但山区河流资源富集、生态地位重要，仅西南山区水资源量就占全国的 40%，水能资源占全国的 70%，同时也孕育了我国 70%的生物物种，是重要的生态屏障。大型水电基地建设、脆弱生态和复杂灾害环境叠加，使得山区河流保护与治理面临巨大挑战。随着我国经济社会发展水平的提高，目前山区河流领域国家需求的重心已经从河流开发为主转向河流保护为主，从工程建设为主转向功能维护为主。"牢固树立上游意识，坚定不移贯彻共抓大保护、不搞大开发方针，筑牢长江上游生态屏障，守护好这一江清水"，以国家需求为导向，迫切需要系统构建山区河流连续性保护和功能修复理论与技术体系。

从国际科技发展前沿来看，河流功能保护已从早期的重点研究河流生态环境综合评价发展到河流水体连通性修复及功能性保护，流域"水廊"及"生态廊道"的构建逐渐得到高度重视。山区河流受大坝阻隔和径流调节，水动力学条件显著变化并影响包括珍稀特有鱼类在内的生物生存环境，而流域梯级开发运行加剧了鱼类洄游通道的阻隔效应。金沙江下游世界级高坝工程安全与生态环境协同保障技术难度高，河流陡降与窄谷特点造成过鱼设施布置困难，坝下非恒定水动力条件复杂，给过鱼设施的设计、施工和运维带来一系列亟待解决的技术难题。《金沙江下游洄游鱼类行为与高坝过鱼》一书正是在这样的背景下应运而生的。

该书交叉融合水力学与生态学方法，研究了长江上游特有洄游鱼类生态行为对水动力学条件的响应机制，结合原位监测、模型试验和数值模拟等手段，提出过鱼设施生态水力学方法与集诱鱼流态塑造技术，系统阐释高坝过鱼水力学关键问题。作者长期工作在水力学研究和教学一线，积累了丰富的理论知识和实践经验。相信该书的出版将为过鱼设施研究、设计人员以及相关专业的师生提供一部有益的工具书。

中国工程院院士

2024 年 3 月

前　言

　　水利水电工程改变了河流水动力学条件并破坏生物生存环境,这已成为工程建设和运行的生态限制性因素。在河流开发与保护协调发展中,如何维护河流生境,满足生物对畅通的洄游通道、与自然繁衍相协调的节律和营养物质持续输运的需求,是河流生态环境保护亟待解决的重大科学问题。在国家战略指导下,中国水电实现了从规模到质量的全面提升,成为世界水电发展的领跑者。新形势下,要把修复长江生态环境摆在压倒性位置,共抓大保护,不搞大开发,迫切需要处理好水电开发与生态环境保护协调发展的关系,实现可持续发展的新型水资源开发途径。

　　长江上游干支流是我国水能资源最为富集的区域,也是我国淡水鱼类种质资源最丰富和独有性最强的水域。但闸坝修建和径流调节破坏了天然河流的连通性、阻隔了鱼类上溯洄游通道、影响珍稀特有鱼类的生存繁殖和基因交流。在党的二十大报告中,"提升生态系统多样性、稳定性、持续性。以国家重点生态功能区、生态保护红线、自然保护地等为重点,加快实施重要生态系统保护和修复重大工程。推进以国家公园为主体的自然保护地体系建设。实施生物多样性保护重大工程。科学开展大规模国土绿化行动。深化集体林权制度改革。推行草原森林河流湖泊湿地休养生息,实施好长江十年禁渔,健全耕地休耕轮作制度。建立生态产品价值实现机制,完善生态保护补偿制度。加强生物安全管理,防治外来物种侵害。"均位列生态环境保护的优先主题和实施内容。在高坝大库梯级开发背景下,突破生态友好型过鱼技术瓶颈、维护和修复河流生境连通、保护长江上游珍稀特有鱼类资源是国家重大科技需求和"长江大保护"战略关键组成。

　　本书在系统阐述金沙江下游鱼类资源变化、行为模式和洄游能力的基础上,力求将行为生态学特征还原至工程设计。以金沙江下游乌东德、白鹤滩水电站过鱼设施的设计、建设和运行为案例,采用行为生态学和水力学交叉融合的生态水力学方法,筛选特征洄游鱼类并揭示其上溯机制,塑造适宜的进口诱鱼流态,优化水动力学条件诱导鱼类行为响应,并实现高效的生态水力调控。与国内外同领域著作相比,本书特色是在融合生态学和工程水力学理论与技术方法方面。本书全面介绍过鱼设施全过程技术研究成果,系统开展的生态学调查、鱼类行为试验、物理模型试验、数值模拟与原位观测为优化运行提供宝贵的科学支撑。通过本书的讨论,作者认为高坝过鱼设施高效运行的关键是要解决鱼道进口诱鱼和合理的调控运行;其中的难点是通过揭示特征鱼类的上溯行为机制,定位洄游鱼类坝下的上溯路线和集群区域,并据此选择进口位置;塑造主动诱导流态引导鱼类产生正趋流性反应,进入鱼道后能持续上溯并提高通过率。厘清生物与物理过程之间的互馈关系,将鱼类偏好还原至工程设计与运行调控,基于水动力学条件的优化提升运行效果,这是遵循生态本性开展受损河流生境连通性修复的刚性需求。

　　本书涉及的研究得到国家自然科学基金优秀青年科学基金项目"山区河流生态水

力学与生境修复"（52122904）、国家重点研发计划项目"长江流域大坝生物洄游通道恢复关键技术研发与应用"的课题"基于鱼类行为生态学的集诱鱼效果提升研究（2022YFC3204202）"、中国三峡建工（集团）有限公司技术服务项目"乌东德、白鹤滩水电站集运鱼关键技术研究"及水利部水利青年科技英才项目的资助。全书由四川大学安瑞冬、李嘉，中国三峡建工（集团）有限公司王小明、唐锡良共同撰写完成。

本书承蒙中国长江三峡集团有限公司给予的大力支持。本书撰写过程中引用了国内外许多专家学者的研究成果和资料，在此向有关作者致以谢意。本书得到四川大学山区河流保护与治理全国重点实验室领导的支持和指导，在此表示衷心的感谢！

由于作者学识有限，不妥之处在所难免，恳请读者批评指正。

作　者

2023 年 7 月 2 日于四川大学

目　录

第1章 绪 论

1.1 引 言

金沙江是我国十三大水电基地中最大的一个,其水能富集程度堪称世界之最,是"西电东送"的重要能源基地,下游干流水电规划四个梯级电站,分别为乌东德、白鹤滩、溪洛渡和向家坝水电站,四个梯级电站总装机容量 44 800 MW,目前四个梯级电站均已建成并全部投产发电。金沙江下游梯级水电的开发,将使河流的连续性受到影响,阻隔洄游性和半洄游性鱼类的通道。

乌东德和白鹤滩水电站在前期论证过程中,生态环境部在环评批复中提出了建设过鱼设施的要求,包括水电站建设将改变坝址上下游河段水文情势,阻隔鱼类迁移,造成鱼类生境破碎化,淹没原有重要的鱼类产卵场,进一步提高圆口铜鱼及其他长江上游珍稀特有和保护鱼类种质资源丧失的风险。金沙江下游梯级电站鱼类生境连通与修复是一个复杂的系统工程,涉及内容繁多,从基础资料、研究体系、评价标准到相关技术方法上均存在一定缺陷;同时国内外集运鱼系统设计、应用技术仍不成熟,国内尚无工程进行成功应用的借鉴。乌东德、白鹤滩水电站过鱼设施具有世界级工程难度,需要开展生态学和水力学基础科研和跟踪调查,确立全局性设计思路、关键节点定型论证并根据跟踪评价予以及时调整,保障方案实施的有效性、针对性和经济性。进一步对集运鱼系统的运行进行长期的跟踪监测和适应性管理,从而使过鱼设施运行效果日臻完善。

本书通过回顾金沙江下游梯级电站过鱼设施前期论证、设计建设、运行和效果评价等环节,以乌东德和白鹤滩水电站过鱼方案实施为案例,总结相关经验,以期为后续流域梯级水电过鱼方案的制定、布局、建设及运行管理提供借鉴和参考。

1.2 流域概括

金沙江是长江的上游河段,位于东经 90°～105°、北纬 24°～36°,北以巴颜喀拉山与黄河上游分界,东以大雪山与大渡河为邻,南以乌蒙山与珠江接壤,西以宁静山与澜沧江分水,流域呈西北向东南倾斜的狭长形。上源沱沱河发源于青藏高原唐古拉山脉的格拉丹东雪山西南侧,沱沱河与当曲汇合后称为通天河,自西南向东北流经楚玛尔河口后向东南偏南方向流去,流经玉树直门达后始称为金沙江,沿途经青海、西藏、四川、云南四省(自治区),至四川宜宾与岷江合流后称为长江。

金沙江干流玉树直门达至宜宾岷江口河段,习惯上分为上游、中游、下游三段,石鼓以上为上游段，石鼓至绥江县与屏山县新市镇交界处为中游段，屏山县新市镇至宜宾为下游段。石鼓至雅砻江口长约 564.1 km，落差 837.9 m，平均坡降 1.49‰，大部分河段位于云南省境内。金沙江流域的支流除左岸雅砻江为一大支流外，其余都相对较小。雅砻江汇口以上控制流域面积 2.593×10^4 km²，多年平均流量 1 860 m³/s，多年平均径流量约 586.57 亿 m³。金沙江干流及各河段流域特征值见表 1.1。

表 1.1　金沙江干流及各河段流域特征值

河名	河段	流域面积/km²	河长/km	河段/km	河段落差/m	河段平均坡降/‰
沱沱河	当曲河口	34 536	362.6	362.6	930	2.56
通天河	直门达	137 732	1 170.1	807.5	933	1.16
金沙江	奔子栏	203 292	1 944.1	774	1 536.3	1.98
	雅砻江口	387 742	2 717.7	773.6	1 023.9	1.32
	宜宾	473 242	3 486.1	768.4	719.3	0.94

1.3　过鱼设施概括

过鱼设施是通过人工干预，鱼类主动或被动通过河道障碍物，到达其繁殖地、索饵场或越冬场等栖息地的工程或技术手段，其主要形式包括鱼道、升鱼机、集运鱼系统和鱼闸等。过鱼设施在国际上的应用已经有 300 多年的历史，低水头闸坝通常采用鱼道，其类型包括池式鱼道、丹尼尔式鱼道和仿自然旁通道等；而高坝或提升高度更高的闸坝，多采用鱼闸、升鱼机和集运鱼系统。本书定义的过鱼设施包括高坝集运鱼系统和适用于中低水头的鱼道。其高效运行的关键是要解决进口诱鱼、设施内过鱼和调控运行等问题，其中的难点是通过揭示特征鱼类的上溯行为机制，定位洄游鱼类坝下的上溯路线和集群区域并据此选择进口位置；合理设计鱼道结构响应鱼类持续上溯游动的行为特性；塑造主动诱导流态引导鱼类产生正趋流性反应，进入鱼道后能持续上溯并提高通过率。本书采用行为生态学和水力学交叉融合的生态水力学方法，筛选特征洄游鱼类并揭示其上溯机制，塑造适宜的进口诱鱼流态，提出适宜鱼类持续上溯的鱼道结构，以水动力学条件变化诱导鱼类行为响应并实现高效鱼道生态水力调控。

目前，采用鱼道过鱼的工程以伊泰普水电站最为典型，其最大坝高 196 m，过鱼设施为 6 km 的天然河道结合 4 km 的技术型鱼道。在纯技术型鱼道中，美国北汉坝鱼道为国外应用抬升高度最高的鱼道，总抬升高度约 60 m，总长度约 2.7 km；美国帕尔顿坝鱼道为世界上最长的鱼道，总抬升高度约 57.5 m，总长度约 4.8 km。国内已建的鱼道，例如，湖南衡东洋塘河坝鱼道，抬升高度约 4.5 m；广西长洲水利枢纽鱼道，抬升高度约 15.55 m；浙江曹娥江大闸鱼道，抬升高度约 4 m。高坝若仍采用鱼道，则对两岸地形、地质条件及枢纽布置等要求较高，且鱼类体力消耗大，因此高坝多采用鱼闸、升鱼机及集运鱼系统作为过鱼设施，如表 1.2 所示。

鱼闸代表包括英国的奥令鱼闸，最大提升高度 41 m；爱尔兰香农河上阿那克鲁沙鱼闸，净高 34 m；美国哥伦比亚河麦克纳里坝的过鱼设施包括两座鱼闸，水位差最大约

30.5 m；俄罗斯伏尔加河上的伏尔加格勒鱼闸，水位差 27.5 m。鱼闸解决了部分高坝过鱼的问题，其主要缺陷在于容量有限，不能连续运行，每次过鱼的数量有限。

表 1.2 高坝过鱼设施特点及国内外典型高坝应用

类型	适用条件	优缺点	代表建筑物
鱼闸	适用于中高水头大坝（7～15 m）	占地少，便于在枢纽中布置；维修费用较高；难以建立最优的操作规程，主要适用鲑鳟鱼类及游泳能力弱的鱼类	英国奥令鱼闸、爱尔兰阿那克鲁沙鱼闸、美国麦克纳里坝、俄罗斯伏尔加格勒鱼闸
升鱼机	适用于高水头大坝（>15 m）	占地面积小，易于建造；投资成本相对较低，但维护费用较高；运行周期灵活，过鱼高峰期可缩短运行时间，对游泳能力弱的鱼类效果较好	美国朗德布特坝、下贝克坝、泥山坝及格陵彼得坝升鱼机，日本庄川小牧坝、祖坝，俄罗斯齐姆良、伏尔加格勒、萨拉托夫及克拉斯诺达尔升鱼机，加拿大克利夫益坝升鱼机，中国雅砻江两河口水电站、雅砻江杨房沟水电站、土溪口水库水电站、丰满水电站、金沙江苏洼龙水电站
集运鱼系统	适用于高水头大坝（>15 m）	不干扰大坝的运行，易于建造；投资成本相对较低，但维护和操作费用较高；操作灵活，转运次数和时间不受限制，针对鱼类生物学特征设计集鱼、运鱼系统，过鱼效果较好	美国华盛顿大坝、罗克岛大坝、埃塞克斯大坝，加拿大麦克塔夸克大坝，中国彭水水电站、冲乎尔水电站、马马崖一级水电站

升鱼机在国外高坝过鱼中已有较广泛的应用，1924 年美国华盛顿州白鲑河修建了试验性升鱼机，之后美国建造了朗德布特坝（提升高度 132 m）、下贝克坝（提升高度 87 m）、泥山坝（提升高度 90 m）、格陵彼得坝（提升高度 106 m）升鱼机；1936 年日本在庄川小牧坝（提升高度 73 m）设置了升鱼机；1952 年在俄罗斯的顿河流域也兴建了齐姆良升鱼机，之后又在伏尔加河上修建了伏尔加格勒、萨拉托夫、克拉斯诺达尔升鱼机等；加拿大也建有克利夫益坝升鱼机（提升高度 90 m）。我国已有部分高坝电站采用升鱼机，包括雅砻江两河口水电站（最大坝高 295 m）、雅砻江杨房沟水电站（最大坝高 155 m）、土溪口水库水电站（最大坝高 132 m）、丰满水电站（重建，最大坝高 94.5 m）、金沙江苏洼龙水电站（最大坝高 112 m）等。

集运鱼系统可利用升鱼机、运鱼船、索道直接将鱼类升到上游，也利用车辆将鱼运至上游进行放流。在国外应用最早的是 1939～1942 年建成的美国华盛顿大坝鱼类运转系统，随后哥伦比亚河下游的罗克岛大坝采用临时集运鱼系统，成功将数千尾成年鲑鱼运到新的产卵场。1943 年，加利福尼亚的萨克拉门托河也采用了集运鱼系统，并对应用效果进行了监测。1967 年加拿大东海岸圣约翰河的麦克塔夸克大坝和 1981 年美国东海岸梅里马克河的埃塞克斯大坝采用集运鱼系统运送鲥和灰西鲱，其借鉴了康涅狄格河的成功经验。目前，国内仅建成了彭水水电站（2012 年建成）、冲乎尔水电站（2014 年建成）、马马崖一级水电站（2015 年建成）等集运鱼系统。

1.4 国内外研究现状

1.4.1 长江流域特征鱼类及生境连通性

长江上游是我国淡水鱼类种质资源最为丰富的地区，局限分布于上游水域的特有鱼类达 112 种，所占比例之高，超过国内其他水系，这些特有种为我国独有，且形态、生理和习性与水体环境高度适应，但长江上游干流及支流水电梯级开发，极有可能进一步加剧长江上游水生生态系统的破碎化和片段化（刘军等，2004）。随着金沙江下游梯级电站全面运行后，鱼类群落结构受到干扰，唐成等（2023）基于渔获物监测数据，开展了长江上游珍稀特有鱼类国家级自然保护区干流段鱼类群落结构的特征分析，重点评估了中华鲟、鳗鲡、鯮、鳤等大型洄游鱼类在长江上游资源量下降甚至绝迹的原因，分析了受拦河工程阻隔导致的鱼群洄游阻隔进化问题。从整个长江流域来看，长江中游对四大家鱼早期资源补充具有重要意义，但长江中下游受通江湖泊阻隔、拦河工程阻隔和人为扰动，原本作为仔幼鱼的主要栖息地已急剧减少，近 124 种特有鱼类局限分布于上游干支流或生命史周期必经上游区域，因此长江上游段应以维护生物多样性、保护特有种为目标，建立保护区并开展鱼类洄游通道恢复工作（陈诚等，2020；杨志等，2017a）。

近年来，针对大河流域生境连通研究逐渐成为领域内的热点问题。Righton 等（2016）、Aarestrup 等（2009）对欧洲代表性的江海洄游鱼类鳗鲡的产卵迁徙路线开展跟踪观测，全面评估了闸坝和港口建设导致的纵向连通性损失。Couto 等（2021）针对亚马孙河流域梯级电站对 191 种洄游鱼类的阻隔效应进行评估。Barbarossa 等（2020）则采用生境连通性指数评估全球 10 000 余种鱼类分布范围内的 40 000 余座已建和在建大坝所引起的生境破碎化程度，评估了大坝引起的河流生境破碎化在全球尺度上的影响。

1.3.2 鱼类上溯行为对水动力学的响应机制

鱼类上溯行为对水动力学的响应机制是制约过鱼设施技术的基础科学问题。Tudorache 等（2008）对欧洲 7 种淡水鱼类的游泳能力进行了测试分析，通过对临界游泳速度、适宜游泳速度、最大游泳速度和耗氧量的分析，确定过鱼设施的最大可通过流速。Kemp 和 Hanley（2010）认为临界游泳速度是耐久速度的最大值，可将临界游泳速度作为过鱼设施的设计流速上限。易雨君和乐世华（2011）针对长江中游四大家鱼建立水位涨幅、流速和水温的综合适宜度指数评估，为鱼类生境适宜性条件量化评估提供了有效的途径。陈求稳等（2021）采用室内受控试验和野外监测方法，提出了 1.05～1.60 m/s 的四大家鱼产卵繁殖期最优流速条件。

鱼类上溯行为的水力学驱动条件研究具有生态学和水利工程交叉融合的特点，新技术方法的引入也为行为生态学研究提供了新的思路。Rodriguez 等（2011）分析了鲑鱼在竖缝式鱼道模型中的位置数据，利用计算机视觉技术和人工神经网络系统进行处理分析，对鱼类运动轨迹、游泳速度、休息时间和洄游时间与水动力学条件建立关联。Hatry 等（2014）根据鱼类生理指标耐受性和能量累积效应，提出了一个快速评估鱼类极限能力的方法。郑铁刚等（2016）针对异齿裂腹鱼、巨须裂腹鱼和拉萨裂腹鱼进行研究，将 0.4～0.8 m/s 作为鱼类偏好流速范围。An 等（2019）基于等比尺物理模型试验，开展了岩原鲤和齐口裂腹鱼洄游行为和水动力学耦合分析研究，采用视频分析提出鱼类上溯的冲刺-滑行步态与持续游动条件对流速的响应。Zha 等（2021）通过粒子图像测速仪测量不同 D

形圆柱体尾流流场，结合视频分析鱼类行为，揭示鲟鱼对低湍流强度和雷诺剪切应力的偏好。

1.4.3 过鱼设施布置优化与水力调控

过鱼设施的布置优化主要体现在进口位置的选择应更符合鱼类趋流特性，这是提升过鱼效率的先决条件。Andersson 等（2012）结合数值模拟与物理模型试验方法，提出诱鱼水流在靠近尾水出口附近时对鱼类更具吸引力。Lindberg 等（2013）采用声呐和无线电遥测对鱼类进口位置的选择进行了现场观测研究，并进一步证明了流速与鱼类偏好的关联。Baek 等（2015）将加权可利用面积（weighted usable area，WUA）作为衡量生境的指标，提出了为增加诱鱼效率而应采取的闸门运行方式和鱼道进口布置位置。Tummers 等（2016）使用无源集成转发器（passive integrated transponder，PIT）标定法发现，通过对鱼道进口采取降糙处理后，有效提升了过鱼效果。Chen 等（2019）通过开展声学标记跟踪，对鱼类坝下集群和上溯轨迹选择的水力学条件开展研究，优选机组运行条件并提出集诱鱼流态塑造的新技术。

过鱼设施内部结构优化与水力调控的核心是在鱼池内形成满足鱼类游泳能力和持续省力游动模式的水流条件，在降低流速的同时降低紊动。Cea 等（2007）采用紊流模型对竖缝式鱼道进行了数值模拟，包括流速、水深、紊流动能和雷诺应力等水力学特性，与模型试验的结果基本吻合。Bermúdez 等（2010）分析了不同水池长宽比和竖缝宽度对流态的影响。An 等（2016）发展了自由液面下水动力学三维数学模型，模拟竖缝式鱼道内流场，结合裂腹鱼过鱼效果试验分析其行为响应。石小涛等（2023）以黑水河松新鱼道为研究对象，采用射频识别技术（radio frequency identification，RFID）对未成功上溯情景的水流条件进行分析。Goodwin 等（2014）根据鱼类测线系统受水动力学条件的调控，提出了虚拟鱼模拟方法并揭示了游泳策略对流速梯度和压强的相关性，提出了过鱼设施结构优化建议，为鱼类行为预测提供了更丰富的理论方法。

1.4.4 研究意义及发展趋势

梯级高坝大库强扰动及生态脆弱性导致过鱼设施技术难度叠加，而生境条件的独特性塑造了长江上游地区鱼类种群的特有性。优化生态安全屏障体系，提升生态系统质量和稳定性对修复长江流域受损生境、保护珍稀特有鱼类种质资源提出了更高要求。以国家需求为牵引，揭示鱼类上溯机制，突破以水流条件诱导生物行为的科学难题，从传统工程水力学向生态水力学和生态动力学领域延伸并实现多学科交叉融合是推动行业科技进步的必然趋势。

第2章 金沙江下游鱼类资源调查及分析

2.1 引　言

　　金沙江下游处于青藏高原向四川盆地过渡地带，为高山峡谷地貌，地形起伏显著，水位落差大。受地形影响，区域内气候复杂多样，沿金沙江谷地为江边河谷亚热带，随着高程的增加，依次为低中山亚热带、中山南温带、中高山温带和高山寒温带，造就了多样的生态环境。

　　金沙江下游江段复杂多样的水域和沿岸带生境层次孕育了水生生物的多样性，金沙江下游干支流分布有鱼类 160 种（见附表 1），特有鱼类 56 种，保护性鱼类 59 种（见附表 2）。金沙江下游不仅曾是白鲟、达氏鲟、中华鲟（1981 年以前）等珍稀鱼类重要的产卵场所，也是四川裂腹鱼、细鳞裂腹鱼、长薄鳅、长鳍吻鮈、鲈鲤等特有鱼类的重要栖息地。本章对金沙江下游鱼类资源历史资料进行归纳总结，结合乌东德和白鹤滩水电站工程涉及的金沙江下游江段水生生态环境、鱼类资源现状调查结果，分析乌东德白鹤滩江段鱼类资源变化趋势，揭示金沙江梯级电站建设和运行前后金沙江下游江段的水生生态环境变化，以及径流调节变化所导致的部分珍稀特有鱼类产卵场和适宜的栖息环境缩减，金沙江下游干支流鱼类种数下降，渔获物小型化、低龄化及鱼类资源逐渐呈现衰退趋势。

2.2　金沙江下游水生生态环境

2.2.1　水文情势

　　金沙江流域的径流主要来源于降水，上游地区有部分融雪补给。流域内暴雨一般出现在 6～11 月，其中以 7～9 月居多，中下游在此期间出现暴雨的概率在 80%以上。洪水主要由暴雨形成，上游地区有部分融雪补给。10 000 年一遇设计洪水 42 400 m³/s，五千年一遇设计洪水 40 500 m³/s，百年一遇设计洪水 28 800 m³/s，20 年一遇设计洪水 23 600 m³/s。

　　乌东德水电站坝址控制流域面积 40.61 万 km²，多年平均流量 3 850 m³/s，多年平均径流量 1 210 亿 m³，多年平均含沙量 1.02 kg/m³，多年平均悬移质输沙量 1.22 亿 t，多年平均推移质输沙量 234 万 t。白鹤滩水电站坝址控制流域面积 43.03 万 km²，多年平均流量 4 190 m³/s，多年平均径流量 1 321 亿 m³；年内径流主要集中于 6～10 月，占年径流量的 75.9%；年内径流以 8 月份最大，月平均流量 9 130 m³/s，占年径流量的 18.9%；3 月月平均流量最小，月平均流量 1 160 m³/s。

金沙江下游的乌东德、白鹤滩、溪洛渡和向家坝四个梯级水电站为季调节、年调节或不完全年调节水库。水库投入运行后，改变了工程所在河段的水文情势，表现在库区和大坝下游水位、流速、流量、水深、水面宽等水力要素的变化。库区水位抬高，水深增加，过水断面面积增大，水流变缓，急流河段萎缩，尤其是坝前水域水流缓慢甚至是静水，呈现出湖泊水动力学特征，形成水库湖泊段；水库中间水域属于河流和湖泊过渡段，水库库尾区域则接近原天然河流状态，变化较小，具有河流水文水动力学特征。梯级水库通过对入库径流的调节作用，改变了河道天然径流的时空分配过程，使自然河道的洪水、枯水过程减弱，下游干流江段洪峰过程平坦化，出现径流均化现象。

乌东德和白鹤滩所在金沙江江段的主要支流有雅砻江、龙川江、勐果河、尘河、鲹鱼河、普渡河、小江、以礼河和黑水河等，各支流特性见表 2.1。电站运行后对主要支流水文情势也产生一定影响，特别是位于各库区下游段的鲹鱼河、黑水河、美姑河、西宁河等支流，水库形成后将受到库区水位顶托作用的影响，在河口较长范围内形成回水或静水河段。

表 2.1　乌东德和白鹤滩所在金沙江江段各支流特性表

支流名称	位置	河长/km	流量/(m³/s)	流速/(m/s)	河宽/m
雅砻江	乌东德库尾左岸	1 570.0	1 910.0	1.3	120
龙川江	乌东德库中右岸	261.0	52.2	0.5	5
勐果河	乌东德库中右岸	103.0	12.0	1.0	25
尘河	乌东德库中左岸	141.0	31.9	0.8	10
鲹鱼河	乌东德坝前左岸	93.8	33.5	1.2	40
普渡河	白鹤滩库尾右岸	379.6	74.7	1.8	40
小江	白鹤滩库中右岸	134.4	49.1	—	20
以礼河	白鹤滩库中右岸	120.8	43.2	—	10
黑水河	白鹤滩库中左岸	173.0	80.0	1.5	45

资料来源：《金沙江乌东德水电站环境影响报告书》《金沙江白鹤滩水电站环境影响报告书》。
注："—"表示未采集到样本。

2.2.2　水生生境

1. 地质地貌

金沙江下游处于青藏高原向四川盆地的过渡地带，为高山峡谷地貌。向家坝库区的新市镇以上为西南山地急流段，河床深切，落差大，水流湍急，滩潭交替，河床底质由巨砾、砾石和卵石组成，为适应急流和高氧的鱼类及饵料生物提供了栖息和繁殖场所。新市镇以下江段处于四川盆地南缘，属丘陵地带，河道曲折，水面宽阔，滩沱相间，水流缓急交替，流态复杂，河床底质以沙砾石、沙泥质为主，河中心多沙洲，两岸多沙滩和碛坝。

2. 河流形态

金沙江下游河段按河道特征可分为 4 段，由上及下分别为雅砻江至乌东德江段、乌东德至白鹤滩江段、白鹤滩至溪洛渡江段以及溪洛渡至宜宾江段，各江段现场情况见图 2.1。

(a) 雅砻江至乌东德江段　　　　　　　　　　　(b) 乌东德至白鹤滩江段

(c) 白鹤滩至溪洛渡江段　　　　　　　　　　　(d) 溪洛渡至宜宾江段

图 2.1　金沙江下游各江段河流形态

雅砻江至乌东德江段长约 206 km，河道呈反 "S" 形，河谷为深 "V" 形，河宽 60～100 m，底质由砾石、卵石、巨石和沙粒组成。两岸分水岭深厚，金沙江为本区域最低河谷，尤其是皎平渡以下峡谷河段岸坡陡峻，主要支流有龙川江、勐果河、尘河、鲹鱼河等。

乌东德至白鹤滩江段长约 182 km，高程 3 000～4 000 m，两岸陡崖连绵，河谷狭窄，水面宽 60～100 m，河谷略呈 "V" 形。河段水流总体湍急，底质由砾石、卵石、巨石和沙粒组成，主要支流有普渡河、以礼河、小江、黑水河等。

白鹤滩至溪洛渡江段位于青藏高原和云贵高原向四川盆地过渡的斜坡地带，河段长约 198 km，高程 2 000～3 000 m，河谷呈 "U" 形，属高、中山峡谷地貌。冲沟发育，泥石流、岸坡崩塌，多形成急流险滩，主要支流有西溪河、牛栏江、美姑河等。

溪洛渡至宜宾江段具有由山区向丘陵地带过渡的特征，河段长约 184 km。新市镇以上河谷地貌为"V"形，地形陡峻、切割强烈、沟谷狭窄、悬崖峭壁多。新市镇以下河谷宽窄相间，江面宽 80～300 m，岸坡坡度为 30°～60°，最大坡高达 2 573 m，主要支流有西宁河、横江等。屏山至宜宾江段处于四川盆地南缘，属丘陵地带，河道曲折，水面宽阔，滩沱相间，水流缓急交替，流态复杂，河床底质以沙砾石、沙泥质为主，河中心多沙洲，两岸多沙滩和碛坝，饵料生物丰富，适应于流水、急流、缓流鱼类生活。

3. 水温

金沙江下游毗邻乌东德和白鹤滩水电站的水温观测水文站共 4 处，依次为三堆子站、龙街（三）站、巧家站和屏山站。根据水文站 1979～2012 年实测水温资料，金沙江下游江段年平均水温为 16.8℃，年内 6～8 月水温较高，最高水温为 24.2℃，1 月最低，最低水温为 10.9℃。逐日温度年际变化幅度为 0.9～5.2℃，平均为 2.4℃，年内各月沿程增温率变化范围为–0.24～1.20℃/100 km。

2.2.3 水质条件

根据乌东德和白鹤滩水电站水质监测资料，金沙江下游干流整体水质较好，总体满足《地表水环境质量标准》（GB 3838—2002）的Ⅲ类水域水质标准。其中个别断面年内局部时段出现水质超标的现象，主要的超标因子有化学需氧量（chemical oxygen demand，COD）、总磷（total phosphorus，TP）、总氮（total nitrogen，TN）和粪大肠菌群；水体中的重金属污染物浓度较低，均满足地表水Ⅲ类标准，部分因子达到Ⅰ类标准；NH_3-N 全断面均属Ⅰ～Ⅱ类水质。支流中雅砻江水质较优，达到Ⅱ类水质；龙川江黄瓜园断面水质较差，生化需氧量（biochemical oxygen demand，BOD_5）、COD、NH_3-N、TP 都有不同程度超标，河口断面水质有所好转；勐果河河口水质除枯水期 COD 略有超标外，基本满足Ⅲ类水质；尘河河口水质除枯水期 TN 和丰水期 COD 超标外，其余时段及水质均满足Ⅲ类水质；鲹鱼河部分月份 TN、TP 超标，其他因子浓度均较低。黑水河和以礼河水质相对较好，超标因子主要为 TN 和 TP；小江和普渡河水质相对较差。

2.3 金沙江下游鱼类资源历史资料分析（2018 年以前）

2.3.1 种类组成与区系特点

1. 种类组成

根据《云南鱼类志》《四川鱼类志》《中国动物志 硬骨鱼纲 鲇形目》《中国动物志 硬骨鱼纲 鲤形目（中卷）》《横断山区鱼类》，以及在《水生生物学报》《动物学研究》《动物分类学报》等杂志发表的文献资料等相关历史资料与 2006～2018 年长江上游珍稀特有鱼类国家级自然保护区水生生态监测数据，金沙江下游历史共分布有鱼类 160 种，隶属 7

目 18 科 89 属，具体种类见附表 1。以鲤形目为主，共 123 种，约占种数的 76.89%，以鲤科鱼类为最多，计有 52 属 90 种，如表 2.2 所示。

表 2.2　金沙江下游江段鱼类种类组成

目	科	种数	比例/%
鲟形目	鲟科	2	1.25
	匙吻鲟科	1	0.63
鳗鲡目	鳗鲡科	1	0.63
鲤形目	亚口鱼科	1	0.63
	鲤科	90	56.25
	鳅科	23	14.38
	平鳍鳅科	9	5.63
鲇形目	鲇科	2	1.25
	鲿科	12	7.50
	钝头鮡科	3	1.88
	鮡科	5	3.13
鳉形目	青鳉科	1	0.63
合鳃鱼目	合鳃鱼科	1	0.63
鲈形目	鮨科	3	1.88
	塘鳢科	1	0.63
	鰕虎鱼科	3	1.88
	斗鱼科	1	0.63
	鳢科	1	0.63

注：百分比小计数字的和可能不等于合计数字，是因为有些数据进行过舍入修约。

金沙江下游江段含有 4 个长江水系特有属，56 种长江上游特有鱼类，其中仅分布于金沙江水系鱼类有 6 种，为秀丽高原鳅、前鳍高原鳅、嵩明白鱼、短臀白鱼、小裂腹鱼、长须鮠。来源于其他地区或者流域的外来鱼类累计有 12 种，分别为丁鱥、团头鲂、散鳞镜鲤、斑点叉尾鮰、革胡子鲇、大银鱼、太湖新银鱼、短吻间银鱼、食蚊鱼、花鲈、梭鲈和罗非鱼。另外，河海洄游性鱼类如中华鲟和鳗鲡，自从拦河工程截流之后，已基本在金沙江下游干流绝迹。

2. 区系特点

金沙江下游江段的鱼类区系组成较为复杂，涵盖了 7 个不同的区系，此外，还有部分种类尚未确定其区系成分（如鳗鲡和白鲟）。其中，中国江河平原鱼类区系和印度平原鱼类区系构成了该江段鱼类区系的主体部分，涵盖雅罗鱼亚科、鲢亚科、鲌亚科、鲴亚科、鲃亚科、鳘科、斗鱼科、塘鳢科、鰕虎鱼科、鳢科、青鳉科和合鳃鱼科 12 科 118 种鱼类，占比 69.01%，如表 2.3 所示。同时以裂腹鱼亚科和条鳅亚科为代表的中亚高原山区鱼类区系以及以鲱科和平鳍鳅科为代表的中印山区鱼类区系的比重也较大，体现出鱼类区系具有青藏高原向江河平原过渡的特征。

表 2.3　金沙江下游江段鱼类区系组成

区系成分	种类数量/尾	比例/%
中国江河平原鱼类区系	79	46.2
印度平原鱼类区系	39	22.81
古代上第三纪鱼类区系	20	11.7
中印山区鱼类区系	18	10.53
中亚高原山区鱼类区系	10	5.85
北方平原鱼类区系	2	1.17
北方山区鱼类区系	1	0.58
未确定成分	2	1.17

2.3.2　珍稀特有鱼类

1. 珍稀鱼类

金沙江下游江段列入国家重点保护野生动物名录的珍稀鱼类有 3 种，其中白鲟和达氏鲟为国家一级保护种类，胭脂鱼为二级保护种类。历史上，金沙江下游、长江干流及其主要支流是珍稀鱼类的重要栖息地和产卵场，然而自 1981 年葛洲坝截流之后，长江上游白鲟的种群数量急剧下降，在世界自然保护联盟（International Union for Conservation of Nature，IUCN）2022 年发布的最新的物种红色名录中，白鲟被正式宣告灭绝。2006～2013 年长江上游珍稀特有鱼类国家级自然保护区宜宾、泸州和重庆等江段共监测到误捕达氏鲟 120 尾，胭脂鱼 292 尾，但大部分误捕个体为人工增殖放流的低龄个体，资源下降趋势也不容忽视。

2. 特有鱼类

金沙江下游分布着长江上游特有鱼类 56 种，《长江上游珍稀特有鱼类国家级自然保护区后续工作研究报告》显示，2006～2013 年保护区干流江段共监测到特有鱼类 27 种，其中圆口铜鱼、长鳍吻鉤、长薄鳅、圆筒吻鉤、红唇薄鳅和异鳔鳅鮀为该江段的常见特有鱼类；而短身鳅鮀、四川白甲鱼、峨眉鱊、四川华鳊、黑尾近红鲌和厚颌鲂仅在个别年份出现，为偶见种。目前，圆口铜鱼、长鳍吻鉤和长薄鳅仍然是保护区干流江段的重要优势特有鱼类，但是这些鱼类的渔获量逐年下降，其中尤以圆口铜鱼下降明显。

2.3.3　生态习性

1. 栖息特点

在金沙江生活的鱼类多具有适应急流水生生境的形态、构造特点，鱼类体型呈流线型，善于游泳，如圆口铜鱼、铜鱼、长薄鳅、长鳍吻鮈、吻鮈等；有的鱼类胸鳍、腹鳍演化呈吸盘状，将鱼体吸附在砂、石上，以适应急流环境，如墨头鱼、犁头鳅、中华金沙鳅、中华纹胸鳅等。

2. 食性

根据区域内生活的鱼类饵料组成，金沙江下游鱼类可分为刮食性、滤食性、草食性、肉食性、摄食底栖无脊椎动物以及杂食性 6 种类型。其中刮食性鱼类主要摄食着生藻类，这类鱼口裂大，下颌前缘具有锋利的角质垫，刮取固着在砾石等处的藻类，如四川白甲鱼、中华倒刺鲃、墨头鱼以及鲴类、裂腹鱼亚科的某些种类。滤食性鱼类主要摄食浮游生物，其中鲢主要摄食浮游植物，而鳙、鳘、白鱼、鳊属的种类主要摄食浮游动物。草食性鱼类主要摄食水草，如鳊、草鱼。肉食性鱼类主要捕食鱼、虾，如鳜、鲇、南方鲇、长吻鮠、鲌亚科的种类等。摄食底栖无脊椎动物的鱼类有鳅科、平鳍鳅科、鮡科、鲿科的多数种类以及岩原鲤和部分裂腹鱼亚科的种类。杂食性鱼类既摄食水生昆虫、虾类、底栖无脊椎动物等动物性饵料，也摄食藻类及植物碎屑、种子等，如鲤、鲫、圆口铜鱼、吻鮈、长鳍吻鮈等。

3. 繁殖习性

金沙江中下游大部分江段水流湍急，但同时也存在一些水流较缓、砾石较多的滩和潭，这种缓急交替的水流条件满足了不同鱼类的繁殖需求。例如，圆口铜鱼、圆筒吻鮈、长鳍吻鮈等，产卵发育需要水流湍急的水流条件，这类鱼的鱼卵比重略大于水，卵膜吸水膨胀，在水流作用下悬浮漂流，早期仔鱼孵化后，仍然要顺水漂流，待身体发育到具备较强的溯游能力后，才能游到浅水或缓流处停歇。而墨头鱼、鲤、岩原鲤、四川白甲鱼、裂腹鱼等产黏沉性卵的鱼类，需要在水流较缓的漫滩和深潭里产卵。金沙江中下游多变的水文情势、差异的地形地貌、不同的河床底质造就了金沙江中下游鱼类生境的多样以及繁殖习性的多样。

4. 洄游习性

金沙江中下游江段鱼类区系组成以江河洄游种类为主，同时也有定居性的种类分布。江河洄游的种类以圆口铜鱼、长鳍吻鮈、犁头鳅、中华金沙鳅等产漂流性卵的种类为代表。其产卵场与仔鱼、稚鱼的索饵场距离较远，为完成生活史的全部阶段，这些鱼类往往需要进行较长距离的洄游。产卵场的选择通常在水流湍急的峡谷地区，在遇到合适的水文条件时即可完成产卵行为。受精卵随水向下漂流，并在漂流过程中逐渐发育。孵出的仔鱼往往散布在下游较为广阔的环境中，仔鱼饵料相对较多。性成熟的亲鱼则又向上游洄游，到达合适的产卵场后，完成繁殖过程。

定居性种类的典型代表为鲤、鲫等。这部分鱼类在静止水体中即可完成其生活史的全部阶段。繁殖时，亲鱼短距离洄游至近岸带，卵即黏附在水边的植物或其他物体上发育，其早期发育阶段对低溶氧的耐受能力较强。在流水环境中，在水生植物较丰富的淹没区常能找到该类种群的鱼类。

2.3.4　资源利用情况

1. 调查江段鱼类资源状况

金沙江下游鱼类资源的历史统计资料较少，随着金沙江下游梯级开发工程的推进，近几年对金沙江下游鱼类资源监测和调查工作有所加强。根据水利部中国科学院水工程生态研究所 2010 年和 2011 年的调查，金沙江下游干支流共分布有鱼类 78 种，隶属 6 目 16 科 52 属。《长江上游珍稀特有鱼类国家级自然保护区水生生态环境监测（2006～2018 年度）》技术报告显示，2011～2018 年，金沙江下游干流及邻近支流河口江段共采集鱼类 108 种，隶属 6 目 15 科 64 属。其中鲤形目 77 种，鲇形目 22 种，鲈形目 6 种，合鳃目、鲑形目和颌针鱼目的鱼类各有 1 种。《金沙江下游流域水生生态监测（2016～2018 年）》项目监测成果显示，2017 年在金沙江下游流域共监测到鱼类 80 种，隶属 6 目 16 科 54 属，其中乌东德库区 42 种，白鹤滩库区 41 种，从各库区不同江段的差异来看，乌东德库区以雅砻江河口江段鱼类种类最为丰富，有 30 种，其次为皎平渡江段，有 21 种，鲹鱼河口江段鱼类种类数量最少，仅 3 种；白鹤滩库区以东川渡口江段鱼类种类最为丰富，有 24 种，金坪子江段和普渡河口江段鱼类种类数量最少，仅 8 种。

与金沙江下游历史统计资料相比，金沙江下游干支流鱼类种类数量下降，渔获物小型化、低龄化现象明显。以圆口铜鱼为例，在金沙江下游永善至水富江段共采集到圆口铜鱼的数量由 2011 年的 457 尾下降到 2016 年的 194 尾，重量占比由 21.4% 下降到 14.71%，平均体长也由 2006 年的 229 mm 下降到 2013 年的 202.5 mm。其他一些特有鱼如长鳍吻鉤等资源量也呈明显的衰退趋势，2011 年长鳍吻鉤是金沙江下游攀枝花至巧家江段最主要的渔获物，重量占比高达 27.52%，而在 2016 年，全年仅采集到长鳍吻鉤 4 尾，重量占比下降至 0.72%。

2. 渔业资源特征

1）类群特征

金沙江下游鱼类大多栖息在水流湍急、水质良好的河流环境中，并且各自形成了许多生态特性。大多数鱼类体形呈长梭状或纺锤状，游泳能力较强，某些种类体形扁平，胸腹鳍特化形成类似吸盘的器官，贴附在流水滩上生活。多数鱼类摄食底栖无脊椎动物或着生藻类，或为杂食性鱼类，捕食小型鱼类、摄食水生高等植物和浮游生物的鱼类较少。金沙江下游鱼类一般都在流水环境中繁殖，多数种类的卵具有黏性，黏附于河床底部砾石上发育，但是亦有相当部分种类产漂流性鱼卵，鱼卵产出后，卵膜吸水膨胀，随江水漂流发育。

2）主要经济鱼类特征

金沙江下游大多数种类的种群数量较小，成为渔业捕捞对象的种类不多，在渔业上占有一定地位的经济鱼类有近 19 种，包括圆口铜鱼、铜鱼、大口鲇、黄颡鱼、鲇、长吻鮠、粗唇鮠、长鳍吻鮈、花斑副沙鳅、中华倒刺鲃、岩原鲤、墨头鱼、四川白甲鱼、长薄鳅、齐口裂腹鱼、长丝裂腹鱼、短须裂腹鱼、鲤鱼、鲫等。由于水环境条件和种类的适应性不同，各江段的主要经济鱼类有一定的差异，但圆口铜鱼、大口鲇和黄颡鱼在各调查点的渔获物中均占有较大的比重。

3）时空分布特征

圆口铜鱼、短须裂腹鱼、短体副鳅、长薄鳅、长鳍吻鮈、前鳍高原鳅、宽鳍鱲和中华金沙鳅在巧家江段春季渔获物中的比例为 74.42%，在秋季渔获物中比例也达到65.55%，与 1997 年巧家江段春季渔获物比较，分别高出 33.62%和 24.75%。从种类所占比重来看，干流江段渔获物中占据第一位的基本为圆口铜鱼；其他经济意义较次要的鱼类因江段、季节等而存在差异，一般说来，金沙江下游的特有鱼类中，适应急流生活的种类如裂腹鱼类、鳅科鱼类等占相当的比重，越向下游，适于缓流生活的种类在渔获物中的比例越大。

2.4　金沙江下游鱼类资源调查（2018～2019 年）

近年来，金沙江梯级电站建设加速，长江上游的水文情势、泥沙和水温显著改变，这些变化直接导致特有鱼类适宜的栖息环境发生变异，给鱼类的生存状况带来显著的不利影响。为了了解电站蓄水库区鱼类繁殖状况，掌握金沙江下游鱼类种类组成、繁殖规模、早期资源及鱼类产卵场位置分布等情况，在 2018～2019 年对乌东德、白鹤滩、溪洛渡等江段开展了鱼类资源调查。

2.4.1　调查内容及方法

金沙江下游鱼类资源调查内容主要为鱼类种类组成、资源量、动态分布、繁殖规模、早期资源量及产卵场位置和规模。

鱼类资源野外调查方法依据《河流水生生物调查指南》《长江流域水生生物资源监测手册》，采用流刺网、地笼、撒网以及脉冲相结合的方法采集鱼类标本，并现场鉴定种类，测量体长（精确到 1 mm）及体重（精确到 0.1 g），并记录采集地点、时间、渔具、渔法等信息。对于没有鉴定到种类的鱼类，在测量完体长和体重后，用无水乙醇或 5%福尔马林保存，运回实验室通过解剖或分子手段鉴定。除收集部分研究目标鱼类标本用于科研解剖外，对一般鱼类标本在测量生物学数据后尽快放回水体，若有误捕的珍稀特有鱼类应及时放流。

鱼类早期资源调查采用圆锥网定点捕捞采集鱼卵鱼苗，在工程江段沿岸及各洲滩浅水区域定点采集，每次采样 30 min，在采样的同时用流速仪测定网口实时流速。早期发育阶段分类则通过显微镜观察鉴定，观察结束后，部分鱼卵进行室内培养，至鱼苗阶段后进行种类鉴定，对于无法鉴定的鱼苗与剩余鱼卵利用 75%的乙醇固定，通过 DNA 技术进行鉴定。产卵场位置依据采集鱼卵的发育期和当时的水流速度来推算，产卵场规模则根据从采集点采到的某产卵场的鱼卵数量、采集点的网口流速和采集点江断面的流量估算得出。

2.4.2　鱼类资源情况

1. 乌东德江段调查结果

2018 年期间乌东德坝下调查到鱼类 13 种 171 尾，渔获量 5 501.4 g，分别为长鳍吻鮈、圆口铜鱼、齐口裂腹鱼、蛇鮈、凹尾拟鲿、宽鳍鱲、马口鱼、子陵吻鰕虎鱼、鳘、中华鳑鲏、华鲮、麦穗鱼、鲫（表 2.4）。在调查到的圆口铜鱼中有 2 尾为性成熟个体，性腺发育已至Ⅳ期，1 尾为雌性，1 尾为雄性，其余圆口铜鱼个体均未性成熟。

2019 年 8～9 月调查期间，使用张网在乌东德坝下调查到鱼类有 5 种，8 尾，分别为长鳍吻鮈、圆口铜鱼、鲫、鲤和大口鲇，其中长鳍吻鮈、圆口铜鱼为长江上游特有鱼类（表 2.4）。脉冲调查到有 15 种，113 尾，其中长鳍吻鮈、中华纹胸鳅为长江上游特有鱼类。

从鱼类分布来看，坝下河段相对较为顺直，坝下江段除施工区外，其余江段人类活动相对较少，鱼类种类较为丰富，如圆口铜鱼、长鳍吻鮈、长薄鳅均有分布，且个体相对较大，可能与该江段适于该三种鱼类产卵有关。

表 2.4　2018～2019 年乌东德坝下江段鱼类组成表

种类	2018 年		2019 年			
	张网		张网		脉冲	
	数量/尾	重量/g	数量/尾	重量/g	数量/尾	重量/g
长鳍吻鮈	1	136.9	1	195.9	2	129.8
圆口铜鱼	3	2 233.2	4	2 252	0	0
齐口裂腹鱼	83	2 294.5	0	0	0	0
蛇鮈	3	33.5	0	0	27	637.8
凹尾拟鲿	9	95.7	0	0	11	93.98
宽鳍鱲	2	45.6	0	0	0	0
马口鱼	6	66.9	0	0	0	0
子陵吻鰕虎鱼	5	10.8	0	0	0	0
鳘	54	464.4	0	0	0	0
中华鳑鲏	1	0.8	0	0	0	0
白缘鿳	0	0	0	0	2	14.9

续表

| 种类 | 2018 年 | | 2019 年 | | | |
| | 张网 | | 张网 | | 脉冲 | |
	数量/尾	重量/g	数量/尾	重量/g	数量/尾	重量/g
粗唇鮠	0	0	0	0	10	115.76
短体副鳅	0	0	0	0	1	7.50
褐栉鰕虎鱼	0	0	0	0	2	10.90
红尾副鳅	0	0	0	0	1	0.50
黄颡鱼	0	0	0	0	1	22.60
犁头鳅	0	0	0	0	4	13.01
切尾拟鲿	0	0	0	0	39	258.66
细体拟鲿	0	0	0	0	2	10.10
长薄鳅	0	0	0	0	1	65.90
中华纹胸鮡	0	0	0	0	8	37.80
华鲮	1	89.4	0	0	0	0
麦穗鱼	1	8.6	0	0	2	10.90
鲫	2	21.1	1	395.6	0	0
鲤	0	0	1	264.2	0	0
大口鲇	0	0	1	328.4	0	0
合计	171	5 501.4	8	3 436.1	113	1 430.11

资料来源：《长江上游珍稀特有鱼类国家级自然保护区后续工作研究报告》。

注：百分比小计数字的和可能不等于合计数字，是因为有些数据进行过舍入修约。

2. 白鹤滩江段调查结果

2018 年期间白鹤滩坝下调查到鱼类有 4 种，102 尾，分别为细体拟鲿、凹尾拟鲿、拟缘鉠和鳌（表 2.5）。

表 2.5　2018~2019 年白鹤滩坝下江段鱼类组成表

| 种类 | 2018 年 | | 2019 年 | | | |
| | 张网 | | 张网 | | 脉冲 | |
	数量/尾	重量/g	数量/尾	重量/g	数量/尾	重量/g
细体拟鲿	2	17.1	1	9	1	9
凹尾拟鲿	12	60.7	0	0	0	0
拟缘鉠	1	3.2	1	5.8	1	5.8
鳌	87	826.1	0	0	0	0
切尾拟鲿	0	0	3	16.3	6	34.2
瓦氏黄颡鱼	0	0	3	99.7	40	1 663.0
小眼薄鳅	0	0	1	5.6	1	5.6
合计	102	907.1	9	136.4	49	1 717.6

2019 年 8 月调查期间，使用张网在白鹤滩坝下调查到鱼类有 5 种，9 尾，分别为细体拟鲿、拟缘𫚔、切尾拟鲿、瓦氏黄颡鱼和小眼薄鳅，其中拟缘𫚔为长江上游特有鱼类；脉冲调查到鱼类有 5 种，49 尾，分别为细体拟鲿、拟缘𫚔、切尾拟鲿、瓦氏黄颡鱼、小眼薄鳅（表 2.5）。从鱼类分布来看，坝下 2 km 江段鱼类种类丰富度较低，调查中仅采集到少量瓦氏黄颡鱼，可能与施工活动影响有关，坝下 2～5 km 江段有少量鱼类分布，分布主要集中在滩流水区域，回水湾区为瓦氏黄颡鱼的集中分布区。

3. 溪洛渡江段调查结果

2018 年期间溪洛渡库区共监测到鱼类 42 种，主要渔获物为鳘、光泽黄颡鱼、花鳅、切尾拟鲿、瓦氏黄颡鱼、黄颡鱼等 6 种，占渔获物总重量的 48.41%，占渔获物总数量的 65.71%（表 2.6）。

2019 年期间溪洛渡库区共监测到鱼类 63 种，主要渔获物为黄颡鱼、蛇鮈、瓦氏黄颡鱼、鳘 4 种，占渔获物总重量的 30.49%，占渔获物总数量的 48.48%（表 2.6）。蓄水后定居性鱼类种群数量增加，尤其是四大家鱼中的鲢和典型定居性鱼类鲇的种群数量增加，鲢的种群数量增加与库区养殖和增殖放流活动有关，鲇为典型定居性鱼类，蓄水后的库区极其适合其生存。

表 2.6　2018～2019 年溪洛渡坝下江段鱼类组成表

种类	2018 年		2019 年	
	数量/尾	重量/g	数量/尾	重量/g
凹尾拟鲿	22	1 008	22	1 008
白甲鱼	0	0	3	218.5
白缘𫚔	10	148	1	15.0
斑点叉尾鮰	0	0	6	197.8
半鳘	3	53.7	5	53.7
棒花鱼	13	37.2	13	37.2
贝氏高原鳅	0	0	7	38.3
鲌	22	44.1	22	44.1
鳘	201	2 542.2	353	4 464.6
草鱼	2	234.8	2	234.8
粗唇鮠	6	208.6	6	208.6
大鳍鳠	7	182	7	182.0
大眼鳜	0	0	1	108.1
短须颌须鮈	0	0	4	62.4
峨眉后平鳅	1	4.7	1	4.7
福建纹胸𫚈	0	0	1	13.6
寡鳞飘鱼	15	544.8	15	544.8

续表

种类	2018 年		2019 年	
	数量/尾	重量/g	数量/尾	重量/g
光泽黄颡鱼	131	4 296.7	131	4 296.7
鳜	0	0	11	1 290.0
黑尾鳘	0	0	43	651.6
黑尾近红鲌	7	458.0	7	458.0
红唇薄鳅	1	11	1	11.0
红鳍鲌	12	196.7	12	196.7
花䱻	144	4 446.7	144	4 446.7
华鲮	0	0	3	719.4
黄颡鱼	450	2 700.0	503	62.0
鲫	70	1 256.7	70	1 256.7
宽鳍鱲	4	94.3	4	94.3
犁头鳅	12	92.9	12	92.9
鲤	44	2 515.1	44	2 515.1
鲢	1	460.2	1	460.2
裸腹片唇鮈	0	0	2	17.5
马口鱼	0	0	5	148.6
麦穗鱼	31	254.4	31	254.4
泥鳅	1	27.9	1	27.9
拟缘鉠	32	218.2	32	218.2
鲇	23	2 714.2	23	2 714.2
中华鳑鲏	1	1.4	5	4.7
翘嘴鲌	0	0	18	2 137.4
切尾拟鲿	151	3 430.8	151	3 430.8
沙塘鳢	0	0	8	320.5
蛇鮈	0	0	243	4 963.2
四川华鳊	0	0	16	176.2
铜鱼	20	3 237.1	20	3 237.1
瓦氏黄颡鱼	180	9 107.162	365	18 467.3
吻鮈	88	6 284.3	168	11 997.3
细体拟鲿	5	293.3	5	293.3
岩原鲤	0	0	14	789.2
宜昌鳅鮀	0	0	191	2 836.9
异鳔鳅鮀	75	1 238.5	75	1 238.5
银鮈	0	0	3	86.2

续表

种类	2018 年		2019 年	
	数量/尾	重量/g	数量/尾	重量/g
圆口铜鱼	11	1 976.8	11	1 976.8
圆筒吻鮈	0	0	48	6 428.2
圆尾拟鲿	1	30.2	1	30.2
长薄鳅	28	3 020	28	3 020
长江鲈	0	0	6	230.6
长鳍吻鮈	1	131.3	1	131.3
长吻鮠	6	511.5	6	511.5
中华倒刺鲃	0	0	7	1 231.7
中华金沙鳅	10	115.2	10	115.2
中华沙鳅	2	27.8	2	27.8
中华纹胸鮡	66	607.6	66	607.6
子陵吻鰕虎鱼	3	21.6	3	21.6
合计	1 913	54 785.6	3 020	91 679.4

2.4.3　鱼类早期资源

1. 攀枝花断面

1）早期资源量

2018 年 6～7 月监测表明,攀枝花断面卵苗径流量为 2.2×10^8 粒,其中鱼卵为 4.2×10^7 粒,鱼苗为 1.81×10^8 尾。调查期间共有 5 次卵苗高峰,分别出现在 6 月 13 日（1.2×10^7 粒）、6 月 24 日（1×10^7 粒）、6 月 26 日～7 月 2 日（9.5×10^7 粒）、7 月 4 日（1.3×10^7 粒）以及 7 月 11～12 日（2.6×10^7 粒）。

2019 年 5～7 月监测表明,攀枝花断面卵苗径流量为 6.8×10^7 粒,其中鱼卵为 3.4×10^7 粒,鱼苗为 3.4×10^9 尾。调查期间共有 5 次卵苗高峰,分别出现在 6 月 19～20 日（9.6×10^6 粒）、6 月 24 日（9.7×10^6 粒）、6 月 30 日（6.2×10^6 粒）、7 月 8 日（1.1×10^7 粒）以及 7 月 13 日（4.5×10^6 粒）。

2）种类组成

2018 年 6～7 月,共采集鱼卵 258 粒,鱼苗 759 尾。经形态及分子鉴定,采集到的卵苗有 10 种,其中中华沙鳅、犁头鳅、长薄鳅数量相对较多,分别占 42.8%、39.09%、7.82%。

2019 年 5～7 月,共采集鱼卵 56 粒,鱼苗 60 尾。经形态及分子鉴定,采集到的卵苗有长薄鳅、犁头鳅、中华沙鳅、中华金沙鳅、短身金沙鳅、圆口铜鱼、鳘、宽鳍鱲等。其中,犁头鳅、中华沙鳅、鳘的数量相对较多,分别占 30.67%、25.34%、14.67%（表 2.7）。

表 2.7 2018～2019 年攀枝花断面采集卵苗鉴定结果

种类	2018 年		2019 年	
	数量/(粒或尾)	百分比/%	数量/(粒或尾)	百分比/%
鳌	2	0.82	11	14.67
张氏鳌	3	1.23	0	0
宽鳍鱲	1	0.41	3	4.00
圆口铜鱼	1	0.41	1	1.33
红唇薄鳅	1	0.41	0	0
长薄鳅	19	7.82	7	9.33
中华沙鳅	104	42.8	19	25.34
短身金沙鳅	7	2.88	1	1.33
中华金沙鳅	10	4.12	9	12.00
犁头鳅	95	39.09	23	30.67
褐吻鰕虎鱼	0	0	1	1.33
合计	243	100	75	100

注：百分比小计数字的和可能不等于合计数字，是因为有些数据进行过舍入修约；表中只列出鉴定出的种类及数量；形态鉴定通常将部分鱼卵进行室内培养，至鱼苗阶段后进行种类鉴定。

2. 乌东德断面

2018 年 6 月 10～11 日，在乌东德坝下江段采集到鱼卵 42 粒，鱼苗 3 尾，经形态及分子鉴定，共鉴定出鱼类 5 种，以犁头鳅为主，占 48.57%，其次为中华金沙鳅，占 34.29%，最少的为中华纹胸鮡，仅 1 尾。调查期间通过监测断面的鱼卵总径流量为 $0.28×10^7$ 粒，其中 6 月 10 日径流量为 $2.5×10^6$ 粒，6 月 11 日径流量为 $0.3×10^6$ 粒（表 2.8）。

2019 年 6 月、8 月在乌东德坝下江段采集了 2 天，分别采集到鱼卵 4 粒、1 粒，鱼苗 0 尾。经形态及分子鉴定，共鉴定出鱼类 4 种，以犁头鳅为主，占 37.5%，其次为中华金沙鳅和鰕虎鱼，均占 25%（表 2.8）。6 月、8 月调查期间通过监测断面的鱼卵总径流量分别为 $2.1×10^6$ 粒、$7.2×10^6$ 粒。

表 2.8 2018 年～2019 年乌东德坝下鱼类早期资源种类组成

种类	2018 年			2019 年		
	数量/(粒或尾)	百分比/%	径流量/10^7 粒	数量/(粒或尾)	百分比/%	径流量/10^7 粒
圆口铜鱼	3	8.57	0.02	0	0	0
中华金沙鳅	12	34.29	0.1	2	25	0.06
犁头鳅	17	48.57	0.13	3	37.5	0.78
中华沙鳅	2	5.71	0.02	0	0	0
中华纹胸鮡	1	2.86	0.01	0	0	0
鰕虎鱼	0	0	0	2	25	0.06
鲫	0	0	0	1	12.5	0.03
合计	35	100	0.28	8	100	0.93

注：表中只列出鉴定出的种类及数量；形态鉴定通常将部分鱼卵进行室内培养，至鱼苗阶段后进行种类鉴定。

3.白鹤滩断面

2018 年 6 月 7～8 日，在白鹤滩坝下江段共采集到鱼卵 6 粒，鱼苗 2 尾，经形态及分子鉴定，共鉴定出鱼类 3 种，以寡鳞飘鱼为主，占 50%，中华金沙鳅和犁头鳅分别占 25%。调查期间通过监测断面的鱼卵总径流量为 $1.2×10^6$ 粒，其中 6 月 7 日径流量为 $6×10^5$ 粒，6 月 8 日径流量为 $6×10^5$ 粒（表 2.9）。2019 年 6 月、8 月在白鹤滩坝下江段进行 2 天的早期资源监测，分别采集到鱼卵 2 粒、3 粒，鱼苗 0 尾。经分子鉴定，共鉴定出鱼类 4 种，以寡鳞飘鱼为主。6 月、8 月调查期间通过监测断面的鱼卵径流量分别为 $8×10^5$ 粒、$5.28×10^7$ 粒（表 2.9）。

表 2.9 2018～2019 年白鹤滩坝下鱼类早期资源种类组成

种类	2018 年			2019 年		
	数量/(粒/尾)	百分比/%	径流量/10^7粒	数量/(粒/尾)	百分比/%	径流量/10^7粒
寡鳞飘鱼	4	50	0.06	2	40	0.08
中华金沙鳅	2	25	0.03	1	20	1.76
中华沙鳅	0	0	0	1	20	1.76
犁头鳅	2	25	0.03	1	20	1.76
合计	8	100	0.12	5	100	5.36

注：表中只列出鉴定出的种类及数量；形态鉴定通常将部分鱼卵进行室内培养，至鱼苗阶段后进行种类鉴定。

4. 宜宾断面

1）早期资源量

2018 年 4～7 月，监测到宜宾断面卵苗径流量为 $1.1×10^8$ 粒，其中鱼卵径流量为 $7×10^7$ 粒，鱼苗径流量为 $4.1×10^7$ 尾。调查期间共有 4 次产卵高峰，分别为 5 月 8～9 日（$4×10^6$ 粒）、5 月 22～24 日（$1×10^7$ 粒）、6 月 27～28 日（$1.7×10^7$ 粒）以及 7 月 3～4 日（$6×10^6$ 粒）。

2019 年 4～7 月监测表明，金沙江下游宜宾断面卵苗径流量为 $7.6×10^7$ 粒，其中鱼卵径流量为 $3.6×10^7$ 粒，鱼苗径流量为 $4×10^7$ 尾。调查期间共有 2 次较为明显的产卵高峰，分别为 6 月 3 日（$4×10^6$ 粒）、6 月 26 日（$8×10^6$ 粒）。

2）种类组成

2018 年采集到的鱼卵经形态及分子鉴定，共鉴定出 14 种鱼类，其中以吻鮈、花斑副沙鳅为主，占比分别为 52.77%、15.32%，其次是小眼薄鳅、草鱼、犁头鳅，占比分别为 8.94%、5.53%、5.53%（表 2.10）。在此次调查中，四大家鱼中仅采集到草鱼，2018 年为 2012 年向家坝蓄水以来首次监测到四大家鱼产卵，但鲢、鳙和青鱼均未采集到。

2019 年采集到的鱼卵经形态及分子鉴定，共鉴定出 12 种鱼类，其中吻鮈、寡鳞飘鱼所占比例较大，分别为 38.90%、16.67%，其次是花斑副沙鳅、子陵吻鰕虎鱼、波氏吻鰕虎鱼，占比分别为 13.49%、11.11%、9.52%（表 2.10）。在此次调查中，四大家鱼中仅监测到草鱼，未监测到鲢、鳙和青鱼。

表 2.10　2018～2019 年宜宾断面鱼类早期资源种类组成

种类	2018 年		2019 年	
	数量/(粒或尾)	比例/%	数量/(粒或尾)	比例/%
鳘	5	2.13	5	3.97
寡鳞飘鱼	3	1.28	21	16.67
铜鱼	1	0.43	1	0.79
长鳍吻鮈	1	0.43	0	0
吻鮈	124	52.77	49	38.90
宜昌鳅鮀	5	2.13	2	1.59
异鳔鳅鮀	4	1.70	0	0
草鱼	13	5.53	1	0.79
花斑副沙鳅	36	15.32	17	13.49
小眼薄鳅	21	8.94	0	0
红唇薄鳅	1	0.43	0	0
中华沙鳅	1	0.43	0	0
中华金沙鳅	7	2.98	0	0
犁头鳅	13	5.53	0	0
飘鱼	0	0	1	0.79
短尾拟鲿	0	0	1	0.79
马口鱼	0	0	2	1.59
波氏吻鰕虎鱼	0	0	12	9.52
子陵吻鰕虎鱼	0	0	14	11.11
合计	235	100	126	100

注：小计数字的和可能不等于合计数字，是因为有些数据进行过舍入修约；表中只列出鉴定出的种类及数量；形态鉴定通常将部分鱼卵进行室内培养，至鱼苗阶段后进行种类鉴定。

2.4.4　产卵场

1．攀枝花断面

1）长薄鳅产卵场

2018 年调查期间采集到的长薄鳅鱼卵发育期处于 64 细胞期-囊胚早期，以此推算得出鱼卵漂流时间。用测得的江水流速推算，推算出调查断面以上长薄鳅产卵场密集分布有两处，第一处位于上游距采样点 13.4～20.36 km（即攀枝花东区，渡口大桥—新庄村）；第二处位于上游距采样点 21.54～25.5 km（即攀枝花西区，新庄大桥—大水井金沙江特大桥）。2019 年调查期间采集到的长薄鳅鱼卵发育期处于桑葚期和囊胚早期，推算出长薄鳅产卵场位于上游距采样点 13.91～19.48 km（即攀枝花东区，渡口大桥—新庄大桥）。

2）中华沙鳅产卵场

2018 年调查期间采集到的中华沙鳅鱼卵发育期主要处于细胞期-囊胚晚期，结合实时流速推算出其产卵场有三处，第一处位于上游距采样点 6.29～19.83 km（即密地大桥—新庄村）；第二处位于上游距采样点 21～27.57 km（即新庄大桥—陶家渡大桥）；第三处位于上游距采样点 31.93～40.03 km（即攀枝花格里坪镇，庄上金沙江特大桥—宝鼎特大桥）。2019 年调查期间采集到的中华沙鳅鱼卵发育期主要处于细胞期-原肠早期，推算出其产卵场位于上游距采样点 4.65～24.95 km（即密地大桥—大水井金沙江特大桥）。

3）犁头鳅产卵场

2018 年调查期间采集到犁头鳅鱼卵发育期主要处于桑葚期-囊胚早期，结合实时流速推算出其较大的产卵场有两处，第一处位于上游距采样点 3.83～19.93 km（即密地大桥—新庄村）；第二处位于上游距采样点 21.18～27.93 km（即新庄大桥—陶家渡大桥）。2019 年调查期间采集到犁头鳅鱼卵发育期主要处于细胞期-原肠早期，以此推算出其大规模产卵场有两处，第一处位于上游距采样点 1.23～8.20 km（即倮果大桥—密地大桥）；第二处位于上游距采样点 18.79～24.35 km（即荷花池大桥—大水井金沙江特大桥）。

4）圆口铜鱼产卵场

2018 年调查期间采集到的圆口铜鱼鱼卵发育期处于囊胚中期，结合实时流速推算出金沙江中游攀枝花断面以上圆口铜鱼产卵场位于上游距采样点 20.67 km（即攀枝花西区，新庄大桥—大水井金沙江特大桥）。2019 年调查期间采集到的圆口铜鱼鱼卵发育期处于囊胚中期，推算出其产卵场位于上游距采样点 6.89 km（即密地大桥—炳草岗大桥）。

5）中华金沙鳅产卵场

2018 年未采集到中华金沙鳅鱼卵。2019 年采集到的中华金沙鳅鱼卵发育期大多处于囊胚晚期，以此推算出其产卵场位于上游距采样点 5.36～16.69 km（即密地大桥—荷花池大桥）。

2. 乌东德断面

1）中华金沙鳅产卵场

根据 2018 年采集到的中华金沙鳅鱼卵发育时期及实时流速，推算出其产卵场位于监测断面上游 50～80 km。根据 2019 年调查结果，推测出中华金沙鳅产卵场位于监测断面上游 30～50 km（图 2.2）。

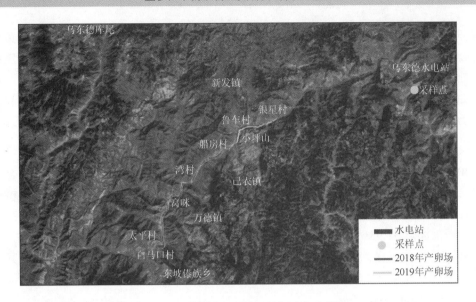

图 2.2　中华金沙鳅产卵场所在江段示意图

2）犁头鳅产卵场

根据 2018 年采集到的犁头鳅鱼卵发育时期及实时流速，推算其产卵场位于监测断面上游 50～60 km。根据 2019 年调查结果，推测出犁头鳅产卵场位于监测断面上游 30～60 km（图 2.3）。

图 2.3　犁头鳅产卵场所在江段示意图

3）圆口铜鱼产卵场

根据 2018 年采集到的圆口铜鱼鱼卵发育时期及实时流速，推算其产卵场位于监测断面上游 8～15 km（图 2.4）。2019 年未采集到圆口铜鱼卵苗，无法得出其产卵场位置。

4）中华沙鳅产卵场

根据 2018 年采集到的中华沙鳅鱼卵发育时期及实时流速，推算其产卵场位于监测断面上游 5～10 km（图 2.4）。2019 年未采集到中华沙鳅卵苗，无法得出其产卵场位置。

图 2.4　圆口铜鱼和中华沙鳅产卵场所在江段示意图

3. 白鹤滩断面

1）中华金沙鳅产卵场

根据 2018 年采集到的中华金沙鳅鱼卵发育时期及实时流速，推算其产卵场位于监测断面上游 5～10 km。根据 2019 年调查结果，推测出中华金沙鳅产卵场位于监测断面上游 100 km。

2）中华沙鳅产卵场

根据 2019 年调查结果，推测出中华沙鳅产卵场位于监测断面上游 180 km。

3）寡鳞飘鱼产卵场

根据 2019 年采集到的寡鳞飘鱼鱼卵发育时期及实时流速，推算其产卵场位于监测断面上游 30～60 km。

4）犁头鳅产卵场

根据 2019 年采集到的犁头鳅鱼卵发育时期及实时流速，推算其产卵场位于监测断面上游 180 km。

4. 宜宾断面

1）四大家鱼产卵场

2018 年调查期间采集到的四大家鱼鱼卵发育期处于囊胚早期-原肠中期，结合实时流速推算出四大家鱼鱼卵密集分布有 1 处，位于上游距采样点 31.87～46.51 km（即水富镇—会议镇）。2019 年调查期间采集到的四大家鱼鱼卵发育期处于原肠中期，推算出其产卵场位于上游距采样点 62.5～68.4 km（即鲢鱼村—新滩镇），其产卵规模为 2.0×10^5 粒。

2）铜鱼产卵场

2018 年调查期间采集到的铜鱼鱼卵发育期处于原肠中期，因在调查期间只采集到 1 颗铜鱼鱼卵，故不适宜推算其产卵场位置。2019 年调查期间采集到的铜鱼鱼卵发育期处于原肠中期，结合实时流速推算出其产卵场位于上游距采样点 56.4～62.5 km（即桃坪村—鲢鱼村），其产卵规模为 4.0×10^5 粒。

3）吻鮈产卵场

2018 年调查期间采集到的吻鮈鱼卵发育期处于囊胚中期-胚孔封闭期，结合实时流速推算出其产卵场位于上游距采样点 20.66～46.38 km（即豆坝村—鲢鱼村）。2019 年调查期间采集到的吻鮈鱼卵发育期处于囊胚晚期-原肠中期，推算出其产卵场位于上游距采样点 19.80～37.53 km（即柏溪镇—田坝村），其产卵规模为 1.1×10^7 粒。

4）小眼薄鳅产卵场

2018 年调查期间采集到的小眼薄鳅鱼卵发育期处于囊胚中期-眼基出现期，结合实时流速推算出其产卵场位于上游距采样点 50.47～67.75 km（即田坝村—新滩镇）。

5）犁头鳅产卵场

2018 年调查期间采集到的犁头鳅鱼卵发育期处于囊胚早期-眼基出现期，结合实时流速推算出其产卵场位于上游距采样点 30.29～53.28 km（即水富镇—桃坪村）。

6）鳅鮀类产卵场

2018 年调查期间采集到的鳅鮀类鱼卵发育期处于囊胚早期-胚孔封闭期，结合实时流速推算出其产卵场位于上游距采样点 33.73～49.44 km（即水富镇—桃坪村）。

7）花斑副沙鳅产卵场

2018 年调查期间采集到的花斑副沙鳅鱼卵发育期处于囊胚晚期-眼囊出现期，结合实时流速推算出其鱼卵密集分布有 2 处，分别为上游距采样点 41.75～42.50 km（即田坝村—会议镇）和 64.88～72.91 km（即鲢鱼村—解吉村）。

8）寡鳞飘鱼产卵场

2019 年调查期间采集到的寡鳞飘鱼鱼卵发育期处于囊胚中期-胚孔封闭期，结合实时流速推算出其产卵场位于上游距采样点 29.40～61.50 km（即水富镇—鲢鱼村），产卵规模为 4.0×10^6 粒。

2.5　乌东德、白鹤滩江段鱼类资源变化（2018～2022 年）

2.5.1　乌东德、白鹤滩江段资源变化分析

1. 乌东德江段

1）鱼类种类组成变化

根据中国水产科学研究院长江水产研究所《白鹤滩、乌东德水电站过鱼设施鱼类生态学调查研究》（2018～2022 年）调查结果，2018～2022 年在金沙江下游乌东德江段库区及坝下水域共计监测到鱼类 60 种，2 377 尾，74.16 kg，其中国家级保护动物 3 种，长江上游特有鱼类 18 种。在所有调查鱼类中鲤科鱼类为绝对的优势科，主要渔获物依次为圆口铜鱼、齐口裂腹鱼、细鳞裂腹鱼、鲇和鳘等。2018～2022 年在乌东德库区及坝下江段五次资源调查分别采集到鱼类 41 种、41 种、39 种、42 种和 35 种，2018～2022 年呈一定波动性变化，无明显变化趋势（图 2.5），2022 年受丰水期水位罕见偏低的影响以及采样次数减少的原因，种类数量明显低于其他年份。

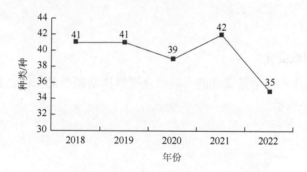

图 2.5　2018～2022 年乌东德调查鱼类种类数变化

2）生物多样性

2018～2022 年，金沙江下游乌东德江段库区及坝下水域共调查到鱼类 60 种，不同年份间存在一定差异，通过不同多样性指数比较分析，从物种数量方面来讲，2021 年最高为 42 种、2022 年最少为 35 种（表 2.11）；从物种多样性来看，2018 年、2019 年和 2021 年生物多样性相对其他年份较高（图 2.6）。

表 2.11　金沙江下游乌东德江段库区及坝下水域不同年份生物多样性表

项目	2018 年	2019 年	2020 年	2021 年	2022 年
物种数/种	41	41	39	42	35
辛普森多样性指数	1.44	1.6	1.18	1.52	1.09
香农-维纳多样性指数	3.42	3.42	2.73	3.18	1.98

项目	2018 年	2019 年	2020 年	2021 年	2022 年
皮卢均匀度指数	1.24	1.22	1.02	0.82	0.79
马格列夫丰富度指数	8.31	8.57	7.8	8.51	6.96

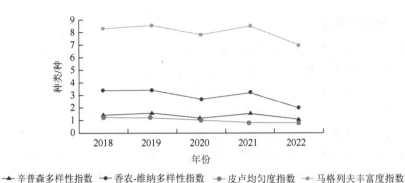

图 2.6　金沙江下游乌东德江段库区及坝下水域不同年份生物多样性图

2. 白鹤滩江段

1）鱼类种类组成变化

2022 年受丰水期水位罕见偏低的影响以及采样次数减少的原因，种类数量明显低于其他年份，如图 2.7 所示。

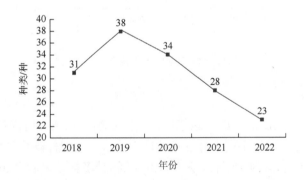

图 2.7　2018～2022 年白鹤滩江段调查鱼类种类数变化

2）资源量变化

2018～2022 年单位捕捞努力量渔获量（catch per unit effort，CPUE）分别为 3.16 船·日、3.54 船·日、2.19 船·日、2.45 船·日、1.63 船·日（图 2.8），从 2020 年开始，调查水域 CPUE 减小，是网具更换导致的。其捕获的主要渔获物物种也由大个体鱼类如裂腹鱼、鲤、鲇、圆口铜鱼等逐渐变为小个体鱼类如中华鳑鲏、鳘、鰕虎鱼、麦穗鱼等。

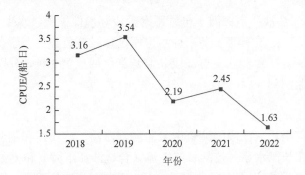

图 2.8　2018～2022 年白鹤滩江段调查 CPUE 变化

3）生物多样性

2018～2022 年，金沙江下游白鹤滩江段库区及坝下水域共调查到鱼类 56 种，不同年份间存在较大差异，通过不同多样性指数比较分析，从物种数量来讲，2019 年最高为 38 种、2022 年最低为 23 种；从物种多样性来看，2018 年和 2019 年多样性相对较高；从物种丰富度来看，2018 年和 2019 年相对较高；从物种均匀度来看，2018 年最高，2022 年最低。总体来看，2018 年和 2019 年生物多样性相对其他年份较高（表 2.12、图 2.9）。

表 2.12　金沙江下游白鹤滩江段库区及坝下水域不同年份生物多样性表

项目	2018 年	2019 年	2020 年	2021 年	2022 年
物种数/种	31	38	34	28	23
辛普森多样性指数	1.44	1.6	0.8	1.12	0.78
香农-维纳多样性指数	3.42	3.82	1.7	2.18	1.3
皮卢均匀度指数	1.24	1.12	0.7	0.82	0.6
马格列夫丰富度指数	8.31	8.57	7.8	7.91	6.96

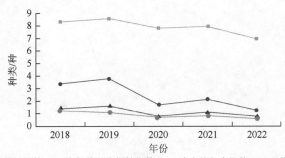

图 2.9　金沙江下游白鹤滩江段库区及坝下水域不同年份生物多样性图

3. 珍稀、特有鱼类资源变化趋势

根据环境影响评价阶段现场调查、《长江上游珍稀特有鱼类国家级自然保护区综合考察报告》（2004 年）、《金沙江白鹤滩水电站蓄水阶段环境保护验收水生生态调查与评价专题报告》（2020 年）以及《白鹤滩、乌东德水电站过鱼设施鱼类生态学调查研究》（2018～2022 年）的调查结果，在金沙江下游江段共监测到珍稀鱼类 3 种，分别为白鲟、达氏鲟、胭脂鱼，特有鱼类监测到 49 种。

1）珍稀鱼类

近些年在攀枝花至巧家江段的调查中未监测到白鲟、达氏鲟和胭脂鱼这 3 种珍稀鱼类。白鲟主要分布在长江水系，包括长江干流（含金沙江下游）和支流，历史上在东海、黄海也曾有过捕获的记录。根据 2002 年和 2003 年白鲟误捕的地点（四川南溪和南京），长江干流仍可能是其主要分布区域；达氏鲟主要分布在金沙江下游和长江上游，在长江上游各大支流（如岷江、沱江、嘉陵江）的下游以及长江中游荆州以上的江段也有分布，2007～2019 年长江上游珍稀特有鱼类国家级自然保护区的调查结果显示，达氏鲟目前仍然以重庆以上江段分布较多；胭脂鱼分布于长江水系，以长江上游为主，在长江干流以及金沙江、岷江、沱江、赤水河、嘉陵江、乌江等支流以及洞庭湖等通江湖泊都有分布。在长江水系，目前胭脂鱼主要在重庆木洞至宜宾江段活动，长江上游珍稀特有鱼类国家级自然保护区是其主要分布区域，近年来在保护区范围内均有误捕，其分布范围从三峡大坝至长江上游宜宾江段等均有出现。

2）特有鱼类

2006～2022 年在攀枝花至巧家江段采集的特有鱼类种类数分别为 12 种、9 种、9 种、10 种、14 种、9 种、16 种、14 种、14 种、11 种、23 种、11 种、20 种、28 种、10 种、10 种和 8 种。施工前 2006～2015 年特有鱼类种类数为 9～16 种，呈小幅波动性变化；蓄水前 2016～2020 年特有鱼类种类数为 10～28 种，呈较大波动性变化，蓄水后 2021～2022 年特有鱼类种类数为 8～10 种，2019 年采集种类数多于其他年份，2015～2019 年波动性较大，特有鱼类种类数有一定增加，2020 年有一定程度减少（图 2.10）。

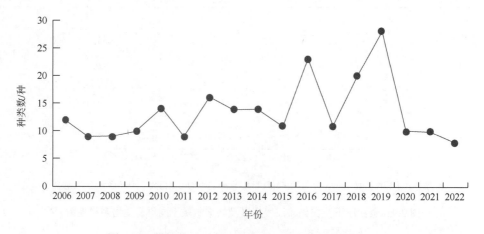

图 2.10　攀枝花至巧家江段特有鱼类种类数年际变化

其中，出现频率较高的鱼类主要有圆口铜鱼、长薄鳅、中华金沙鳅和短体副鳅，半鳌、前鳍高原鳅和双斑副沙鳅出现频率较低，数量相对较少。施工前 2006～2015 年圆口铜鱼、长鳍吻鮈、长薄鳅、中华金沙鳅、短须裂腹鱼和短体副鳅等发现频率均大于蓄水前阶段，蓄水前阶段 2016～2020 年呈小幅波动性变化，整体上均呈明显减小趋势。

2.5.2　鱼类产卵场及早期资源情况

1. 早期资源变化与分析

根据《金沙江白鹤滩水电站蓄水阶段环境保护验收水生生态调查与评价专题报告》中相关调查成果，2008 年、2010～2019 年在金沙江中下游进行了鱼类早期资源监测，结果表明，产漂流性卵鱼类优势种包括圆口铜鱼、中华沙鳅、中华金沙鳅、寡鳞鱊鱼、宜昌鳅鮀、吻鮈、长鳍吻鮈、长薄鳅、花斑副沙鳅等 10 余种。繁殖盛期为 6 月上旬～7 月上旬。

以金沙江巧家断面长期监测结果为例，2008 年、2010～2014 年繁殖规模分别为 $6.8×10^8$ 粒、$3.4×10^8$ 粒、$1.5×10^8$ 粒、$7.0×10^7$ 粒、$1.5×10^8$ 粒、$0.22×10^7$ 粒，2017～2019 年巧家断面繁殖规模分别为 $1.3×10^7$ 粒、$1.6×10^8$ 粒和 $1.5×10^8$ 粒。2008 年、2010～2012 年、2014 年、2017 年监测期间巧家断面鱼类繁殖规模总体呈下降趋势，2018 年后出现回升（图 2.11）。

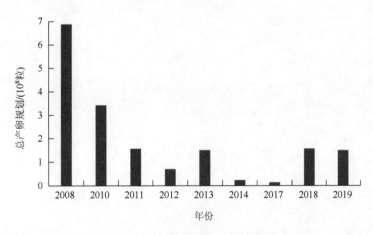

图 2.11　巧家断面历年繁殖规模统计

2. 产卵场变化与分析

通过多年的鱼类早期资源监测，金沙江中下游产漂流性卵鱼类的产卵行为虽然并未中断，多数产卵场及受精卵漂流发育的河流环境与连续性依然存在，但少数产卵场、产卵种类、规模已有所变化。金沙江巧家以上江段是圆口铜鱼、中华金沙鳅等特有鱼类重要的产卵场。向家坝蓄水前，在金沙江下游巧家以上江段产漂流性卵的产卵场共有 5 个，分别为金安桥、观音岩、会东、会泽、巧家等产卵场。向家坝蓄水后，产卵场发生了一定变化，增加了皎平渡、八家坪、元谋、永仁-会理、攀枝花等 5 个产卵场，失去了金安桥、观音岩和巧家等 3 个产卵场。调查结果显示，产卵场位置有所下移，且产卵场较为分散。这可能与金沙江梯级电站修建有关，原有产卵场被淹没，导致鱼类在繁殖季节向干支流的适宜生境迁徙以寻找新的产卵场，从而导致产卵场空间位置的变迁。

随着乌东德、白鹤滩水电工程的蓄水运行，河流中鱼类生境进一步发生改变，后期还需持续加强对鱼类早期资源的监测与评估。

（扫一扫，见本章彩图）

第3章 流域梯级开发条件下鱼类资源保护

3.1 引　言

　　金沙江下游分布有长江上游珍稀特有鱼类国家级自然保护区，是我国重要的淡水鱼类种质资源区。金沙江下游水电梯级建成后，原有河流生态系统的结构和功能将发生显著变化，如河流连通性降低、自然水文情势和水体理化条件发生改变等，从而影响水生生物多样性与资源量。为了保护区域生态环境、维持河流生态健康，协调开发与保护关系，在流域规划环境影响评价阶段，就已针对梯级水库生态环境特点、水生生物资源状况以及鱼类生物学特性，系统考虑了各种可能的生态保护措施，提出了金沙江下游鱼类保护措施，如增殖放流、栖息地保护、监测与保护效果评价、渔政管理、水库生态调度、水库生态及鱼类保护技术研究等。

　　本章从梯级阻隔和生境变化两方面分析流域梯级开发对鱼类资源，尤其是对珍稀特有鱼类造成的影响，重点介绍流域规划实施后的各项鱼类资源保护措施。通过实际运行效果监测，随着梯级电站各项流域水生生态保护规划的实施，可有效保证河流的部分生境连通、稳定维持了水库水质和水量，有利于金沙江下游流域珍稀特有鱼类资源的维持和恢复。

3.2 金沙江下游梯级开发对鱼类的影响

3.2.1 对水生生境的影响

1. 对水文情势的影响

　　金沙江下游梯级库区水位抬高，水深增加，过水断面面积增大，库区水流变缓，急流河段萎缩，河流水动力学过程将发生较大变化，尤其是坝前水域水深、面阔，水流缓甚至是静水，呈现湖泊水动力学特征，为水库湖泊段。水库中间水域属于河流和湖泊的过渡段。水库库尾区域则接近原天然河流状态，变化较小，具有河流水文水动力学特征。

　　金沙江下游四级梯级电站为季调节、年调节或不完全年调节水库，在梯级电站建成运营后，受大坝水库对径流调节的影响，将改变下游水库、河流水量的分配状况，改变河道天然径流的时空分配过程，使自然河道的洪水、枯水过程减弱，下游干流江段洪峰过程平坦化，出现径流均化现象。对于主要支流，特别是位于各库区下游段的鳡鱼河、黑水河、美姑河、西宁河等支流，水库形成后将受到库区水位顶托作用的影响，在河口较长范围内形成回水或静水河段。

2. 水体理化性质的变化

对于梯级库区坝前较为开阔的静水或缓流水域以及较大的库湾，部分时段水温会分层。同时，由于金沙江下游四级梯级电站均为高坝，坝下下泄水温高温季节低于天然河道水温，冬季低温期高于天然河道水温，年平均水温比天然状况下低。同时，可能会导致泄水气体过饱和现象。在金沙江下游各梯级电站联合调度运行后，各梯级电站特别是下游梯级电站泄洪频率和泄洪流量将大大减小，而且每次泄洪持续时间也会大大缩短，因此由泄洪产生的气体过饱和导致的负面事件发生频率低，且持续时间很短（3～5 天）。

梯级电站建成后，水流流速减缓，泥沙将发生沉降，沉积于库底，底质由砾石、卵石、巨石转为以泥沙为主。坝下清水下泄对河道冲刷作用增强，河道下切，底质粗化，特别是对向家坝下游缓流沙质宽阔江段生境影响较大，河床底质和河势河态的变化较大。河道冲刷下切后，河流并又归槽，漫滩和河道落差增大，上滩时间减少，但受下级梯级水库回水的影响，泄水对库尾河段的影响主要在近坝段。

库区主要支流，特别是位于各库区下游段的鳡鱼河、黑水河、美姑河、西宁河，在河口形成回水和静水的河段，透明度升高，水流变缓，水质富营养化可能性将增加。

3.2.2　对鱼类资源的影响

1. 梯级阻隔的影响

长江上游已建葛洲坝、三峡电站，金沙江中下游大大小小的支流，绝大多数已建有数量不等的电站，已阻隔了长江上游乃至中下游干流及干支流间鱼类的交流，金沙江下游作为中游与长江上游鱼类及雅砻江鱼类迁移交流的重要通道，其功能已逐渐被削弱。梯级电站建成后，将产生深远影响，阻断鱼类迁移，江河鱼类向上游或高原鱼类向下游迁移受阻，其分布区会有所退缩，而金沙江下游分布的鱼类多为适应激流生境种类，梯级建设将造成鱼类适宜生境较大程度的萎缩。这些鱼类一部分被阻隔于向家坝以下的长江上游珍稀特有鱼类国家级自然保护区，在四个梯级库区分布的种类将明显减少，特别是原主要分布于新市镇以下江段的鱼类，其中以达氏鲟、白鲟为典型代表。阻隔于坝下的鱼类，尽管流水生境大幅度萎缩，但向家坝至三峡库尾 400 km 江段，加上赤水河等支流，与三峡库区形成了较为完整的江湖复合生态系统，多数鱼类具有维持一定自然种群的条件；部分退缩至库尾流水河段以及库区雅砻江、普渡河、黑水河、西溪河、牛栏江、美姑河等支流，其适宜的流水生境空间缩小，种群规模及种类将会减少。对于圆口铜鱼、长薄鳅、长鳍吻鮈等产漂流性卵的鱼类，需要一定的流速以维持受精卵顺水漂流孵化，流速太低则导致孵化的鱼卵沉入水底，成活率会降低。大坝的阻隔将使亲鱼群体割裂、成熟亲鱼无法上溯到产卵场繁殖，繁殖与发育条件分离，产卵场繁殖后的受精卵、仔幼鱼无法顺利下坝，这些鱼类在金沙江下游江段的分布将减少。

2. 生境变化的影响

水文情势发生变化，库区鱼类种类组成将由"河流相"逐步向"湖泊相"演变。库区江段中原来适应于底栖急流、砾石、洞穴、岩盘等底质环境产黏沉性卵的鱼类，将逐渐移向干流库尾及支流雅砻江、普渡河、黑水河、西溪河、牛栏江、美姑河等流水江段，种群数量将明显下降，而在库区的数量急剧减少，甚至消失。而适应于缓流或静水环境生活的鱼类，种群数量将上升，如麦穗鱼、鲤、鲫、鳑鲏、棒花鱼、马口鱼、近红鲌、宽鳍鱲、鲇等，有的可能会成为库区的优势物种。

低温水下泄会导致坝下江段水温偏低，特别是各梯级库尾河道狭窄，低温水可能会影响整个流水江段，鱼类长期生活、栖息在低温环境中，会使生长发育变慢、生长期缩短、繁殖期推迟。低温水会以中下层入流的方式汇入缓流库区，对主库区表层水温影响不大，累积效应也较小。水域面积增大、水深增加、河床底质的改变，有利浮游生物和环节动物的繁衍，鱼类饵料基础增加，也增大了鱼类生存空间，增加了鱼产量。对于适应于缓流或静水环境生活的鱼类，如麦穗鱼、鲤、鲫、鳑鲏、棒花鱼、马口鱼、近红鲌、宽鳍鱲、鲇、张氏䳋、前臀鮠等，种群数量将明显上升，可能会成为库区的优势物种。

3.2.3　对珍稀、特有鱼类的影响

1. 对珍稀鱼类的影响

白鲟产卵场曾经主要位于重庆以上的长江上游和屏山以下的金沙江下游，但目前白鲟已宣布灭绝；达氏鲟虽然偶有捕获，但资源也较为稀少，其产卵场也主要分布在长江上游和屏山以下的金沙江下游；胭脂鱼产卵场的分布相对较为广泛，屏山以下的金沙江下游也是其产卵场分布的主要江段之一。金沙江下游梯级电站的建设，将使金沙江下游江段形成首尾衔接的库区，原有的产卵江段将被淹没，水位升高，流速变缓，水文水动力学特征变化明显，可能无法满足其繁殖需求，即使有少量个体阻隔于库区，也可能因为没有繁殖条件，库区的资源迅速枯竭，最后在库区江段消失。

2. 对特有鱼类的影响

圆口铜鱼、长薄鳅、长鳍吻鮈等产漂流性卵的鱼类，库区江段产卵场将被淹没，向家坝、溪洛渡、白鹤滩库区已不存在其繁殖条件。若金沙江下游各库区没有苗种的补充，将难以在此江段形成自然种群，甚至将逐渐在库区消失，特别是圆口铜鱼，除历史上曾在大渡河、雅砻江有自然繁殖外，其主要产卵场多集中于金沙江中下游，由于金沙江下游为仅次于金沙江中游的关键的繁殖生境，其种群生存会受到较严重的不利影响。随着金沙江中下游梯级电站的开发，金沙江中下游原有的圆口铜鱼产卵场，即下游会东县至云富镇江段和中游朵美至白马坪江段等的产卵场均会被淹没。如果金沙中游能存在或形成新的产卵场，那么乌东德库区皎平渡产卵场将上移（类比雅砻江二滩水库），从下游梯级开发后流水生境的保留情况看，4~7 月乌东德库区维持在防洪限制水位运行，此时

有近 40 km 的河段维持流水状态，此外，雅砻江在建的最后一级水电站桐子林水电站下游至雅砻江河口有 15 km 流水河段，可能会满足漂流孵化的要求。由此类比判断，如果加强保护，在乌东德库尾至大坝 200 km 以上的河段，圆口铜鱼有可能完成生活史，并形成一定的种群规模。

对流水生境依赖程度较高的鱼类，如齐口裂腹鱼、长丝裂腹鱼、短须裂腹鱼、鲈鲤、四川白甲鱼、岩原鲤、墨头鱼等特有鱼类，梯级电站运行造成流水生境大幅度萎缩，导致其产卵场将由库区移向干流乌东德库尾及支流迁移，造成库区种群数量和资源量显著下降。

3.3　长江上游珍稀特有鱼类国家级自然保护区概述

长江上游珍稀特有鱼类国家级自然保护区（以下简称保护区）于 2000 年 4 月国务院以国办发〔2000〕30 号批准建立，原名为"长江合江—雷波段珍稀鱼类国家级自然保护区"；2005 年批准更名和范围调整，2005 年 5 月国家环境保护总局以环函〔2005〕162 号公布了调整后的面积、范围和功能区；2011 年 12 月国务院以国办函〔2011〕156 号批准进行范围调整，2013 年 7 月环境保护部以环函〔2013〕161 号发布了调整后的面积、范围和功能区。

3.3.1　保护区位置和范围

保护区范围在东经 104°9′～106°3′，北纬 27°29′～29°4′，包括贵州、云南、四川和重庆四省（市）在内的长江上游流域，目前保护区江段总长度为 1 162.61 km，总面积为 33 174.2 hm²，其中核心区 10 803.5 hm²，缓冲区 15 804.6 hm²，实验区 6 566.1 hm²。保护区主要包括金沙江向家坝水电站坝轴线下 1.8 km 至地维大桥 362.76 km，岷江月波至岷江河口 90.1 km，涉及宜宾县、翠屏区；赤水河河源至赤水河河口 628.23 km，涉及威信县、镇雄县、叙永县、毕节市、古蔺县、金沙县、仁怀市、习水县、赤水市 9 个市（县）；保护区南广河、永宁河、沱江和长宁河的河口区总长度为 57.22 km，涉及翠屏区、江安县、纳溪区、江阳区、龙马潭区、长宁县 6 个区（县）。

3.3.2　保护区主要保护对象

保护区主要保护对象为珍稀、特有鱼类，共有 71 种，属于珍稀鱼类的有 21 种，其中属于国家重点保护野生动物名录一级种类 2 种、二级保护种类 1 种，列入 IUCN 红色目录 3 种，列入《濒危野生动植物种国际贸易公约》（Convention on International Trade in Endangered Species of Wild Fauna and Flora，CITES）附表二 2 种，列入《中国濒危动物红皮书》9 种，列入保护区相关省市保护鱼类名录 15 种；属于特有鱼类的有 66 种，详见表 3.1。

表 3.1　保护区特有鱼类名录

序号	目	科（亚科）	中文种名	拉丁学名
1	鲟形目	鲟科	达氏鲟	*Acipenser dabryanus*（Duméril）
2			短体副鳅	*Paracobitis potanini*（Günther）
3			山鳅	*Oreias dabryi*（Sauvage）
4			昆明高原鳅	*Triplophysa grahami*（Regan）
5			秀丽高原鳅	*Triplophysa venusta*（Zhu et Cao）
6		鳅科	前鳍高原鳅	*Triplophysa anterodorsalis*（Zhu et Cao）
7			宽体沙鳅	*Botia reevesae*（Chang）
8			双斑副沙鳅	*Parabotia bimaculata*（Chen）
9			长薄鳅	*Leptobotia elongata*（Bleeker）
10			小眼薄鳅	*Leptobotia microphthalma*（Fu et Ye）
11			红唇薄鳅	*Leptobotia rubrilabris*（Dabry）
12		鲴亚科	云南鲴	*Xenocypris yunnanensis*（Nichols）
13			方氏鲴	*Xenocypris fangi*（Tchang）
14		鱊亚科	峨眉鱊	*Acheilognathus omeiensis*（Shih et Tchang）
15			四川华鳊	*Sinibrama changi*（Chang）
16		鲌亚科	高体近红鲌	*Ancherythroculter kurematsui*（Kimura）
17			短鳍近红鲌	*Ancherythroculter wangi*（Tchang）
18	鲤形目		黑尾近红鲌	*Ancherythroculter nigrocauda*（Yih et Woo）
19			西昌白鱼	*Anabarilius liui liui*（Chang）
20			嵩明白鱼	*Anabarilius songmingensis*（Chen et Chu）
21			寻甸白鱼	*Anabarilius xundianensis*（He）
22		鲤科鲌亚科	短臀白鱼	*Anabarilius brevianalis*（Zhou et Cui）
23			半䰾	*Hemiculterella sauvagei*（Warpachowski）
24			张氏䰾	*Hemiculter tchangi*（Fang）
25			厚颌鲂	*Megalobrama pellegrini*（Tchang）
26			长体鲂	*Megalobrama elongata*（Huang et Zhang）
27			川西鳈	*Sarcocheilichthys davidi*（Sauvage）
28			圆口铜鱼	*Coreius guichenoti*（Sauvage et Dabry）
29		鲤科鮈亚科	圆筒吻鮈	*Rhinogobio cyl lindricus*（Günther）
30			长鳍吻鮈	*Rhinogobio ventralis*（Sauvage et Dabry）
31			裸腹片唇鮈	*Platysmacheilus nudiventris* Lo,（Yao et Chen）
32			钝吻棒花鱼	*Abbotina obtusirostris*（Wu et Wang）
33			短身鳅鮀	*Gobiobotia abbreviata*（Fang et Wang）
34		鲤科鳅鮀亚科	异鳔鳅鮀	*Xenophysogobio boulengeri*（Tchang）
35			裸体鳅鮀	*Xenophysogobio nudicorpa*（Huang et Zhang）

序号	目	科（亚科）	中文种名	拉丁学名
36	鲤形目	鲤科鲃亚科	鲈鲤	*Percocypris pingi*（Tchang）
37			宽口光唇鱼	*Acrossocheilus monticola*（Günther）
38			四川白甲鱼	*Onychostoma angustistomata*（Fang）
39			大渡白甲鱼	*Onychostoma daduensis*（Ding）
40			短身白甲鱼	*Onychostoma brevis*（Wu et Chen）
41		野鲮亚科	华鲮	*Sinilabeo rendahli*（Kimura）
42		裂腹鱼亚科	短须裂腹鱼	*Schizothorax*（*Schizothorax*）*wangchiachii*（Fang）
43			长丝裂腹鱼	*Schizothorax*（*Schizothorax*）*dolichonema* Herzenstein
44			齐口裂腹鱼	*Schizothorax*（*Schizothorax*）*prenanti*（Tchang）
45			细鳞裂腹鱼	*Schizothorax*（*Schizothorax*）*chongi*（Fang）
46			昆明裂腹鱼	*Schizothorax*（*Schizothorax*）*grahami*（Regan）
47		鲤科裂腹鱼亚科	四川裂腹鱼	*Schizothorax*（*Racoma*）*kozlovi*（Nikolsky）
48			小裂腹鱼	*Schizothorax*（*Racoma*）*parvus*（Tsao）
49		鲤亚科	岩原鲤	*Procypris rabaudi*（Tchang）
50		平鳍鳅科	侧沟爬岩鳅	*Beaufortia liui*（Chang）
51			四川爬岩鳅	*Beaufortia szechuanensis*（Fang）
52			窑滩间吸鳅	*Hemimyzon yaotanensis*（Fang）
53			短身金沙鳅	*Jinshaia abbreviata*（Günther）
54			中华金沙鳅	*Jinshaia sinensis*（Sauvage et Dabry）
55			西昌华吸鳅	*Sinogastromyzon sichangensis*（Chang）
56			四川华吸鳅	*Sinogastromyzon szechuanensis szechuanensis*（Fang）
57	鲇形目	鲿科	长须鮠	*Leiocassis longibarbus*（Cui）
58			中臀拟鲿	*Pseudobagrus medianalis*（Regan）
59		钝头鮠科	金氏䱀	*Liobagrus kingi*（Tchang）
60			拟缘䱀	*Liobagrus marginatoides*（Wu）
61		鮡科	黄石爬鮡	*Euchiloglanis kishinouyei*（Kimura）
62			青石爬鮡	*Euchiloglanis davidi*（Sauvage）
63			中华鮡	*Pareuchiloglanis sinensis*（Hora et Silas）
64			前臀鮡	*Pareuchiloglanis anteanalis*（Fang，Xu et Cui）
65	鲈形目	鰕虎鱼科	四川栉鰕虎鱼	*Ctenogobius szechuanensis*（Liu）
66			成都栉鰕虎鱼	*Ctenogobius chengtuensis*（Chang）

3.3.3　保护区保护任务及主要措施

为了保护区保护任务得以顺利实现，长江上游珍稀特有鱼类国家级自然保护区内制定实施了一系列保护补偿措施，主要归纳如下。

1）分区保护管理

为更好地实现自然生态保护与可持续发展，协调生态、生产和生活，保护区实行分区管护，即划定核心区、缓冲区和实验区。

核心区采取禁止性的保护措施，禁止在核心区从事除管理、观察、监测和正常航运外的一切人为活动，严禁任何捕捞和开发行为，不得进行任何影响和干扰生态环境的活动，尽可能保持其自然原生状态，使之成为一个基因库，并可用作生态系统基本规律研究和监测环境的场所，但也只限于观察和监测，不得进行任何试验性处理。

缓冲区将采取限制性的保护措施，即严格限制人为活动内容和范围；严格限制进入缓冲区的人员和数量，确保核心区不受外界的影响和破坏，真正起到缓冲作用；经管理机构批准，只允许进行无破坏性的科研、教学活动。

实验区将采取控制性的保护措施，控制生物资源消耗总量，建立禁渔期制度，在禁渔期内严禁一切捕捞行为，在开放期内可进行适度的捕捞。在保护好物种资源和自然景观的前提下，可进行适度开发，包括建立珍稀、特有鱼类繁殖和保护区培育基地，发展珍稀、特有鱼类集约化养殖；建立科学研究的生态系统观察站等，用以和自然生态系统进行对比；进行大专院校的教学实习，野外标本采集地；划定一定区域进行生态旅游。但必须坚持以保护为主，一切活动要有利于保护，有利于珍稀濒危水生生物物种的恢复和发展以及生态环境的改善。

2）管理机构、设施建设

保护区开展保护工作，贵州、云南、四川和重庆四省（市）各设管理分局，管理分局根据各地实际情况设立管理处、站，行使具体的管理职能，以及协调处理保护区与周围地区、有关部门之间的关系。

根据各保护区江段所处的地理位置、环境条件、保护范围、保护对象以及渔业生产状况，并参考有关渔业设施建设标准、住房和城乡建设部有关设施建设标准和渔政管理装备等要求，建设管护基础设施。

3）人工增殖放流

人工增殖放流主要内容包括基地建设、放流亲鱼、放流苗种培育、放流标记标示等；除宜宾增殖放流站由中国长江三峡集团有限公司实施外，其他增殖放流站由农业农村部渔业渔政管理局负责组织实施。

4）生态跟踪监测

通过长时间持续的生态要素和环境指标的监测，能够充分掌握保护区生态环境现状，科学保护生态环境质量的变化趋势，从而提高保护措施实施的有效性，增强环保工作的针对性和主动性，主要监测内容包括珍稀、特有鱼类资源监测；重要渔业资源的渔获量、结构组成、渔获比例、捕捞努力量、生物学指标的监测；铜鱼、圆口铜鱼产卵场与繁殖生态监测；库区及坝下水生生物资源调查；库区及其下游关键水域特有珍稀鱼类栖息地环境水质要素和生源要素监测；库区及其下游关键水域环境生物要素监测；库区及其下游关键水域鱼体环境污染物残留监测；库区及其下游关键水域污染带水生生物毒性测试和污染死鱼事故调查等。

3.4　乌东德水电站鱼类保护实施

根据金沙江下游河段水电开发的水生生态保护要求，乌东德水电站拟采取栖息地保护、增殖放流、过鱼设施、水库生态调度、监测与保护效果评价、渔政管理、鱼类保护技术研究等水生生态保护措施。其中，栖息地保护、增殖放流、过鱼设施、水库生态调度等主要保护措施布局的规划总体思路如下。

栖息地保护：根据金沙江下游河段水生生态保护总体规划布局的安排，长江上游珍稀特有鱼类国家级自然保护区是对金沙江下游河段水生生物重要栖息地进行保护，乌东德水电站建设需要承担下游河段保护基金筹措的责任，重点用于保护区；库尾低水位运行不受回水影响的河段、库区及坝下支流作为乌东德鱼类栖息地保护的补充河段。

增殖放流：根据金沙江下游河段水生生态保护总体规划布局的安排，考虑保护区已建成的赤水增殖放流站、重庆增殖放流站、溪洛渡和向家坝水电站珍稀特有鱼类增殖放流站等的放流情况，综合分析乌东德、白鹤滩两个水电站建设对鱼类放流的需求，拟建设乌东德、白鹤滩鱼类增殖放流站，形成金沙江下游鱼类增殖放流体系。

过鱼设施：根据金沙江下游河段水生生态保护总体规划布局的安排，综合考虑金沙江下游河段水电站形成后的水库特点，从水生生物多样性保护和鱼类种群有效交流的需求出发，统筹考虑鱼类资源的交流。

水库生态调度：乌东德水电站的生态调度主要考虑坝下和库尾流水生境的水生生态保护需求，通过采用分层取水、下泄生态流量等方式进行保护。

3.4.1　栖息地保护

1. 保护目标、对象及范围

为了减缓乌东德水电站对金沙江下游河流水生生态特别是鱼类资源的不利影响，为金沙江下游分布的鱼类提供产卵繁殖、索饵、藏匿和育肥场所，维持鱼类的物种多样性和遗传多样性，保证这些物种特别是珍稀特有保护鱼类完成世代过程，乌东德水电站栖息地保护以"长江上游珍稀特有鱼类国家级自然保护区"为依托，在库区库尾、支流等流水生境系统保护的总体格局上进行规划与实施工作，提出了以金沙江干流分布的长江上游珍稀、特有鱼类为保护对象，以维护支撑保护江段鱼类生态学过程实现的自然河流生境的完整性和多样性为保护目标，将乌东德库尾（含桐子林以下的雅砻江）、黑水河作为金沙江下游乌东德水电站所在江段的栖息地保护支流/河段，其中乌东德库尾（含桐子林以下的雅砻江)河段的保护范围为乌东德库尾 37.5 km 回水变动区河段及桐子林坝下至河口约 15 km 雅砻江江段；黑水河的保护范围为普格县至黑水河汇口 65 km 河段（即已建的河口水电站发电尾水以下河段）；雅砻江锦屏二级大河湾河段的保护范围为锦屏二级坝址至发电厂房的 119 km 雅砻江干流江段。

2. 乌东德库尾保护方案

1）生态流量保证措施

乌东德库尾河段的生态流量主要受桐子林水电站和金沙江中游的银江水电站的控制，目前金沙江干流在雅砻江汇口下游有三堆子水文站，因此通过三堆子水文站的观测，可以满足乌东德库尾河段生态流量的观测要求。

中国长江三峡集团有限公司构建了金沙江下游流域生态环境信息管理系统，结合依托三堆子水文站观测数据，可实现对乌东德库尾河段流量的实时在线监控，并根据监控情况及时调控梯级生态流量下泄措施，达到保证河道内生态流量和流量过程的要求。

2）人工产卵场的塑造

（1）位置选择。在金沙江中游的银江水电站、金沙江下游的乌东德水电站建成后，乌东德正常蓄水位将与银江坝址基本衔接，在 4～7 月乌东德低水位运行时，乌东德防洪限制水位尖灭点与雅砻江桐子林坝址有 17.20～52.50 km 的江段不受回水影响。为充分发挥流水江段作用，考虑河口区生境多样性，一般较适宜鱼类产卵，选取在雅砻江河口的金沙江干流河段开展人工产卵场的塑造和研究。

（2）产卵场修复和人工塑造。为了满足乌东德库尾江段鱼类产卵所需的底质条件，在雅砻江河口区域以蛮石、砾石和沙滩为主要底质，塑造 1 处鱼类人工产卵场。

3）栖息地保护管理措施

根据设计规划，桐子林坝下保留 15 km 流水江段，与乌东德库区连通，可为雅砻江中下游大多数鱼类提供繁殖、栖息等的多种水生生态环境需求。建议相关部门将桐子林坝下 15 km 流水江段及附近乌东德库尾金沙江流水江段申报为鱼类种质资源保护区，保护范围为桐子林坝下 15 km 流水江段及雅砻江汇口附近乌东德库尾金沙江流水江段，保护对象为雅砻江下游除产长距离漂流性卵的大多数喜流水生境鱼类。建议将乌东德防洪限制水位尖灭点至银江坝址金沙江干流河段也划入鱼类种质资源保护区，实施统一管理。严禁生产型渔业作业，禁止围河造地、采砂淘金、人工捕捞、修建水利水电工程等破坏水生生境的工程建设活动。

4）栖息地跟踪监测与评估

为及时了解乌东德库尾江段对长江上游特有鱼类的保护效果，后期需要对该江段的鱼类资源和繁殖情况进行紧密跟踪观测，尤其是长江上游特有鱼类的资源量和繁殖情况，根据鱼类种群动态变化观测结果和科研阶段成果，及时调整保护、修复方案。

跟踪监测工作方案可参照如下开展，在桐子林坝下至乌东德坝址所在河段设置水生生境和水生生物调查断面，每 2 年开展 1 次，每次在春、秋 2 季开展，主要监测指标为河段流量、水质、鱼类资源、鱼类早期资源量、浮游生物、周丛生物、漂浮生物等。

3. 黑水河栖息地保护方案

1）过鱼设施

各梯级过鱼种类主要考虑长薄鳅、长鳍吻鮈和中华金沙鳅等 11 种黑水河分布的长江上游特有鱼类，并兼顾其他土著鱼类的坝上、下游交流问题。根据黑水河鱼类的繁殖级电站过鱼时间为每年 3～7 月，同时兼顾其余时间坝上、下游鱼类的交流。根据各种过鱼设施工作原理、应用范围、优缺点和过鱼效果，结合各梯级工程区地形条件、工程特性（枢纽布置、坝型、坝高）、鱼类生物学特性等方案，苏家湾、公德房、松新等 3 个梯级电站确定采用技术型鱼道的过鱼方式，老木河采用仿自然旁通道的过鱼方式。

2）生态流量保证措施

综合增加下泄生态流量的实施效果、措施的落实和运行管理难易程度等因素，黑水河各梯级生态流量按照《四川省凉山州黑水河干流水电规划环境影响报告书》及其审查意见提出的坝址处多年平均流量的 10%下泄最小生态流量进行泄放。

3）局部河段河道重塑措施

黑水河栖息地保护河段平均坡降比降为 11.90‰，目前已建 4 级梯级电站，尽管各梯级均有生态流量的下泄，但径流条件显著改变，河道流量比天然条件大大减小，保持天然地貌特征的现状河流河床相对过宽，尽管河面水域面积较大，但水流流速过缓、水深偏小、局部河床在枯水期连续性差等条件均不能满足水生生物栖息生长的要求，需要进行梳理和河床治理，束窄主河床，提高河道水生生境适宜性；同时为减水河段营造水生生境，在梳理和河床治理的同时塑造一些深潭缓流区。根据黑水河地貌特征及工程条件，河道重塑范围选择在各梯级闸厂间减水河段。

河床纵向剖面设计以现有自然河道的蜿蜒形态为基础，根据实际测量结果，在河道蜿蜒段、高跌水区等关键位置设置低斜坡、浅滩、深潭微地形。横向剖面形态主要结合黑水河天然河床宽窄不一的特点进行设计，此外，需要考虑常枯水流量条件下的断面水深要求。在尽可能保留河床横断面原始形态的前提下，对于跌水较大或过水面积过大而造成断面水深过小的区域，根据情况进行河床整理，既确保水流的连通性，也保障具有一定的水深条件；对非稳定河床结构进行局部加固。

4）保护河段泥沙淤积管理措施

黑水河泥沙含量较高，在日常维护过程中，应定期对坝前淤积情况进行巡视，加强过鱼设施和生态流量下泄措施的维护，确保各项措施正常运行。当汛期各梯级电站泄洪排沙时，库区沉积的泥沙将被输送入减水河段，减水河段已塑造的河段将可能出现局部冲刷和泥沙淤积现象。因此，应在汛后对黑水河各梯级减水河段的河床形态、泥沙淤积等情况进行巡视和维护。

3.4.2　增殖放流

增殖放流是改善水域的生态环境，向特定水域投放某些装置（如附卵器、人工鱼礁等）以及野生种群的繁殖保护等间接增加水域种群资源量的措施，是补充渔业资源种群数量、改善与修复因捕捞过度或水利工程建设等遭受破坏的生态环境、保持生物多样性的一项有效手段。

为统筹协调业主管理及鱼类保护需求的关系，以已建的向家坝增殖放流站为基础建设鱼类增殖放流总站，同时在拟建的乌东德坝区选择合适位置建设鱼类增殖放流分站。开展胭脂鱼、达氏鲟、长薄鳅、岩原鲤、中华倒刺鲃、黑尾近红鲌、细鳞裂腹鱼、齐口裂腹鱼、四川白甲鱼、短须裂腹鱼、鲈鲤、白鲟、圆口铜鱼、长鳍吻鮈、裸体鳅鮀、前臀鮡等鱼类的驯养繁殖技术研究和增殖放流。其中，胭脂鱼、达氏鲟、长薄鳅、岩原鲤、中华倒刺鲃、黑尾近红鲌、细鳞裂腹鱼、齐口裂腹鱼、短须裂腹鱼、鲈鲤 10 种特有珍稀种类作为近期重点增殖放流对象，四川白甲鱼、白鲟、圆口铜鱼、长鳍吻鮈、裸体鳅鮀、前臀鮡等作为中长期增殖放流对象。

1. 乌东德鱼类增殖放流站

1）设计建设过程

在乌东德水电站"三通一平"环评工作阶段，针对乌东德水电站需求开展了鱼类增殖放流站前期设计工作，经方案比选后将阿巧沟上游缓坡地作为鱼类增殖放流站站址，增殖放流站于 2013 年 4 月开始建设，2013 年 11 月建成，2014 年底正式投入运行。

2）总体布置及构成

乌东德鱼类增殖放流站位于金沙江右岸下游施期缓坡上，距乌东德水电站约 4.6 km，下游以阿巧沟为界，上游与乌东德水文站相邻，西侧与施工道路相邻，总用地面积约 7.7 hm^2。建设有公共生活区、生产区以及养殖废水处理区，配备有办公楼、循环水养殖系统、苗种生产车间、污水处理站以及附属房屋等，可满足苗种培养和野生亲鱼驯养要求。

3）工艺设计

增殖放流站采用以循环水养殖模式为主，以流水养殖模式为辅的混合养殖模式。其中，养殖系统采用半封闭式水处理技术，养殖用水经处理后循环使用；养殖废水经水处理设备处理后达标排放；粪便和残饵等固体肥料集中干燥后，供站内或外部果树绿化利用。

4）运行管理

鱼类增殖放流站建成后纳入电站枢纽工程管理范围内，作为电站永久建筑物，由电站业主负责统一管理和运行。增殖放流工作包含技术攻关与生产操作两部分，其中技术攻关采用项目招标方式，承包给有相当能力的单位执行，生产操作则由增殖放流站的固定员工完成，并严格按照《水电工程鱼类增殖放流站运行规程》（NB/T 10610—2021）进行日常生产和运行管理工作。

2. 放流

1）放流对象和数量

根据《金沙江下游水电梯级开发环境影响及对策措施研究》确定的乌东德、白鹤滩水电站的主要放流对象和规模，乌东德、白鹤滩水电站承担的放流种类合计为 8 种，每年放流苗种总数量为 105 万尾。近期主要进行长薄鳅、鲈鲤、齐口裂腹鱼、圆口铜鱼的增殖放流，长鳍吻鮈、四川白甲鱼、裸体鳅鮀、前臀鮡则作为中长期增殖放流对象，在驯养繁育和苗种批量生产技术突破后进行增殖放流，规划见表3.2。

表 3.2　乌东德、白鹤滩水电站鱼类增殖放流规划表

	放流种类	放流规格/cm	放流数量/万尾
近期	长薄鳅	4～6	10
	鲈鲤	4～6	5
	齐口裂腹鱼	4～6	10
	圆口铜鱼	4～6	20
中长期	长鳍吻鮈	4～6	20
	四川白甲鱼	4～6	10
	裸体鳅鮀	4～6	20
	前臀鮡	4～6	10
合计			105

2）放流方案

实施人工增殖放流的主要内容分为三个部分，即放流前准备工作、实施人工增殖放流工作（图 3.1），以及进行效果分析，并进行反馈，以对今后的人工增殖放流工作进行改进。其中，放流前准备工作主要由种质鉴定、苗种检疫、苗种标记、苗种暂养和苗种运输等 5 个主要节点组成，实施人工增殖放流工作主要由野外驯化、现场公证、仪式宣传、人工放流以及渔政监管等 5 个主要节点组成，效果分析主要由资源量监测、渔获物分析、标记-重捕分析、室内试验分析等 4 项主要内容组成。

3.4.3　过鱼设施

集运鱼船相比于鱼道、鱼闸、升鱼机等固定过鱼设施，具有机动灵活、造价相对低廉、对枢纽布置无干扰等优点，不仅能够沟通阻隔河段、恢复水生生物交流，而且能够适应鱼群变化规律，实现鱼类的安全过坝。经过过鱼设施方案比选，乌东德水电站选择采用固定式集鱼站、移动式集鱼装置、运鱼车和运鱼船的综合过鱼方式（图3.2、图3.3）。

图 3.1 乌东德水电站增殖放流活动现场

图片由中国长江三峡集团有限公司提供

图 3.2 乌东德水电站集鱼系统

图片由中国长江三峡集团有限公司提供

图 3.3 乌东德水电站"皎平号"集运鱼系统运鱼船

图片由中国长江三峡集团有限公司提供

1. 过鱼对象及时间

乌东德水电站的过鱼种类重点考虑了产漂流性卵洄游的圆口铜鱼、长鳍吻鮈、长薄鳅和中华金沙鳅等长江上游特有鱼类和重要经济鱼类，以及其他省级保护、红皮书珍稀濒危鱼类，除此之外兼顾影响区域分布的其他所有鱼类的坝上、下交流问题。

过鱼时间选择在鱼类的生长、繁殖季节，重点为鱼类的产卵季节。根据主要过鱼对象及其繁殖习性，并考虑电站下泄低温水的影响，综合确定本工程集运鱼系统的主要过鱼时间在 3～7 月，其余时间根据鱼类洄游情况适当调整。每天运行 10 h，为 8:00～18:00，其中主要为 9:00～13:00。

2. 集鱼、放鱼位置选择

1）集鱼位置选择

从水电站坝下可能的鱼类聚集区域初步分析，工程较为理想的集鱼地点可能是位于水电站尾水洞和泄洪洞之间，因此工程集鱼设施布置于尾水洞下游附近，在乌东德大桥的下游侧左右岸，以及河底中心区域。

2）放鱼位置选择

乌东德水电站的库区有雅砻江、龙川江、鲹鱼河和尘河等支流，规模相对较大且有一定的回水长度，支流汇入口河段有一定的流速，可能成为鱼类产卵和放鱼的区域。根据《金沙江下游水电开发鱼类保护替代生境研究报告》，金沙江下游流域替代生境保护河段为银江坝下金沙江干流河段、桐子林坝下至河口约 15 km 雅砻江江段、黑水河汇口以上 65 km 河段。圆口铜鱼的资源保护河段为桐子林以下的雅砻江及乌东德库尾江段、雅砻江锦屏二级大河湾（坝址至发电厂房的 119 km 雅砻江干流）。因此，乌东德水电站较优的放鱼位置为银江坝下金沙江干流河段和雅砻江、龙川江、勐果河、尘河和鲹鱼河等支流汇入口河段，尤其是乌东德库尾、雅砻江下游和龙川江等。

3. 集运鱼设施初步设计方案

1）集鱼船

集鱼设施主要为集鱼船，而集诱鱼系统是整个集鱼船的核心，主要由诱鱼设施、防逃设施、过鱼通道以及相应探测和观测设备组成。

诱鱼设施主要利用电站发电尾水形成吸引水流，并采用喇叭式进口与诱鱼孔相结合的方式制造吸引水流，一般比主流流速高 $0.2 \sim 0.3$ m/s。集鱼船进口后设置反喇叭口的防逃装置，其后为驱鱼设备，是一垂直的拖曳格栅，可将鱼驱赶进入转运舱。集鱼船的中后段设置有过鱼通道，衔接储鱼舱，舱内设有鱼类体征状况的监测设备。

进鱼口装备有 EY60 鱼探仪、DIDSON 双频识别声呐探测系统以及走航式声学多普勒流速仪，用以探测鱼群的密集程度，选择适宜的诱鱼工作地点以及精确控制诱鱼水流流速。在进鱼口单侧设置玻璃窗、水下摄像机及电子光学计数器，以便观察进鱼口的进鱼情况，统计进鱼口进鱼效率。

2）深水网箱

深水网箱是根据鱼类活动习性，敷设在鱼类游经的通路上或鱼类较密集的水域，网具装置成易进难出的形状，通过拦截、引导鱼类进入网内，诱于集鱼网袋便于随时转运。在下游梯级电站建成前，采用集鱼船加运鱼船的集运鱼措施，在下游梯级电站建成后，采用深水网箱加运鱼车的集运鱼过坝方式。

3）集鱼坡道

在尾水洞下游岸边各设置了 2 个不同高程的集鱼坡道，分别为 $822 \sim 812$ m 和 $831 \sim 821$ m 以适应乌东德水电站发电时坝下水位变化。集鱼坡道坡度为 5%，长度为 140 m，宽度为 5 m，顶面为卵石结构，使坝下鱼类能在相应的坡道上聚集休息。集鱼时，集鱼船根据电站运行不同流量情景时的坝下水位，行驶至相应高程坡道上方进行集鱼。

4）集鱼码头

由于集运鱼的需要，在乌东德水电站坝下和库尾各布置 1 个集鱼码头，在每个集鱼码头附近各设置 1 个浮动停靠平台，设置趸船或浮筒，供集鱼船和运鱼船停靠。

5）运鱼车

运鱼车主要由活鱼箱、增氧系统、水泵和动力系统三部分组成，主要参数为储鱼罐容积 $\geq$ 7 m³，载鱼量 $\geq$ 3 t，最大增氧能力 $\geq$ 500 g/h，最大水流量 $\geq$ 30 m³/h，死亡率 $\leq$ 1%（8 h 以内）。

6）运鱼船

运鱼船为双机、双导管桨、双舵、单底、单甲板、全电焊、全钢质横骨架式结构，设计航速约 20 km/h，续航能力≥120 h，具有自航能力，能根据电站的运行情况调整运鱼位置，并为船内的运鱼设备提供动力。运鱼舱内设鱼类维生系统，由进出水控制系统、供氧和控温系统、水质监测系统和监视与照明系统构成。

乌东德水电站运鱼系统配备载重量为 3 t 的运鱼船 4 艘、载重量为 3 t 的活鱼运输车 4 辆。另外，配备吊车 4 辆用于运鱼车和运鱼船之间的转运。

3.4.4　生态调度

根据流域规划环评要求，目前建设单位已委托中国水电工程顾问集团有限公司开展金沙江下游梯级电站生态调查方案研究，该成果提出了金沙江下游四个梯级电站生态调度的运行要求，而生态调度方案仅考虑向家坝水电站水量调度（综合考虑生态需水量、生态水文情势和航运需求），以及溪洛渡水电站水温调度。因此，下阶段需根据向家坝和溪洛渡水电站运行、监测情况，开展四个梯级电站生态调度运行研究，优化梯级电站运行调度方案。

1. 生态调度目标

通过调整和改变水库的调度方式，修复和补偿水库运行对河流生态系统产生的负面影响，在实现水库防洪、发电、供水、灌溉等多种经济社会目标的前提下，兼顾河流生态系统的需求，通过实施梯级电站联合生态调度，尽可能满足金沙江下游的生态需水过程要求，以改善金沙江下游河流生态系统。

2. 生态调度运行要求

1）生态需水量调度

乌东德、白鹤滩、溪洛渡和向家坝水电站联合生态调度，除应保证向家坝水电站下泄流量不低于其下游河道生态需水过程外，还应兼顾乌东德水电站及白鹤滩水电站坝下河段的实际用水需要。

2）生态水文情势调度

四个梯级电站联合生态调度，应根据各梯级电站下游河段主要鱼类的繁殖生物学习性，结合相应河段的天然水文情势，在鱼类繁殖期通过水库调度，制造若干次适宜鱼类产卵的洪水过程，恢复鱼类产卵的水文条件。

3）水温调度

为满足鱼类产卵行为对河流水温的要求，采用叠梁门进行水库水温调度。在鱼类集中产卵期内（3～6 月），乌东德、白鹤滩及溪洛渡水电站均宜采用叠梁门进行分层取水，尽可能保证向家坝水电站下泄水温满足白鲟和岩原鲤（3～4 月对水温要求较高）及圆口铜鱼和长薄鳅（5～6 月对水温要求较高）产卵期对河流水温的要求。具体取水方案应结合各梯级电站分层取水设计成果和叠梁门操作规程合理确定。

4）下泄水流 TDG 过饱和调度控制对策

电站下泄水流中的总溶解气体（total dissolved gas，TDG）过饱和会对鱼类产生一定的影响，结合四个梯级电站联合运行对下游 TDG 过饱和的影响进行预测分析，建议各梯级电站尽量采用深孔泄洪或表孔泄洪，减少泄洪洞泄洪。同时，应在乌东德和白鹤滩水电站项目的可研阶段进一步优化泄洪建筑物设计，以期最大程度降低金沙江下游梯级电站下泄水流 TDG 饱和度。

此外，需结合泄洪建筑物优化设计成果，在下一阶段深入开展减缓下泄水流气体过饱和对金沙江下游水生生物（尤其是鱼类）影响的生态调度方案研究。

5）库区水环境、水体富营养化调度控制对策与建议

与两个梯级电站联合调度类似，即加强乌东德、白鹤滩、溪洛渡、向家坝库区污染控制，对各梯级库区实施水环境监测（监测项目包括水温、流量、水位、流速、溶氧 [（dissolved oxygen，DO）、COD、NH_3-N、TN、TP 等]，在乌东德库尾攀枝花河段特别注意铬、铅等重金属元素监测，根据监测资料分析库区水环境特征及其变化，制定上游梯级电站（金沙江、雅砻江）水环境、水文情势的联合调度方案。

3.5　白鹤滩水电站鱼类保护实施

金沙江下游水电梯级电站建成后将形成四座首尾相连的水库，原有河流生态系统的结构和功能将发生巨大变化。白鹤滩水电站水库淹没河段长度约 182 km，工程下游为向家坝和溪洛渡水电站，上游为乌东德水电站。在流域规划环评阶段，已对流域梯级电站开发水生生态保护提出了总体布局，金沙江下游一期工程（溪洛渡和向家坝水电站）就鱼类保护措施进行了专项安排。因此，本工程水生生态保护应在流域总体保护布局基础上，根据流域规划环评对本水生生态保护要求、本工程实际影响以及水电开发最新环境保护政策要求，结合下游一期工程已实施的鱼类保护措施情况，提出本项目水生生态保护措施，包括鱼类栖息地保护措施、鱼类增殖放流、过鱼设施、梯级电站生态调度等。

3.5.1　栖息地保护

由于白鹤滩和乌东德水电站上下游相衔接、开发时序接近，栖息地保护将白鹤滩和乌东德水电站所在江段作为整体进行统筹考虑，在白鹤滩栖息地保护总体框架中也将乌东德库尾（含桐子林以下的雅砻江）、黑水河以及雅砻江锦屏二级大河湾河段作为栖息地进行生态保护与修复，相关保护措施与乌东德栖息地保护基本一致。

1）鱼类保护区保护与管理

为了使长江上游珍稀特有鱼类国家级自然保护区的价值尽可能得以实现，有效保护珍稀、特有鱼类及其特有的生存环境，使珍稀、特有鱼类资源衰退趋势得以遏制，种群数量有所增加，需要强化对保护区的管理措施。

管理措施主要包括在保护区严格禁止渔业捕捞作业，划定各主要鱼类的产卵场、索饵场和洄游通道，并设立醒目的标示牌或浮标，利用广播、电视、报刊等传播媒体加强宣传等。在一期工程溪洛渡水电站采取叠梁门分层取水措施以减缓低温水对鱼类的影响的基础上，拟建的白鹤滩水电站规划采取分层取水设施以进一步减缓低温水对鱼类的影响。此外，控制保护区及周边区域不合理的开发，严格限制可能影响保护区结构和功能的各类开发建设活动，如河道采砂、航道整治、桥梁码头建设等涉水过程，结合原国家环境保护总局对金沙江一期工程环境影响报告书的批复要求，保护区内不得再进行水利水电工程开发建设。

2）库区干流流水生境保护

分布在金沙江下游的鱼类，绝大多数完成整个生活史全过程或部分过程（如繁殖）依赖于流水生境，金沙江下游梯级水电开发将导致流水生境大幅度萎缩，因此干流库尾和库区支流，甚至支流汇口局部流水水域成为这些鱼类赖以繁衍、栖息的重要条件。因此，白鹤滩水电站工程选取乌东德库尾流水河段作为保护栖息地，包括桐子林坝址以下的雅砻江干流；白鹤滩、溪洛渡、向家坝库尾流水河段，在保护河段制定了严格的禁渔制度，严格限制河道整治、采砂等开发活动和建设可能污染水域生态环境的工矿企业。另外，明确规定了各电站最小泄放生态流量，规定当上下水库水位不能衔接时，乌东德、白鹤滩、溪洛渡电站均应下泄生态流量，各电站最小下泄生态流量不低于坝址处多年平均流量的 5%～10%。

3）支流保护

在金沙江一期工程前期工作阶段，结合鱼类自然保护区的调整工作，已考虑到支流保护工作，将向家坝坝址下游的一级支流赤水河和其他支流河口段作为鱼类替代生境，纳入了自然保护区范围，并加以重点保护。在此基础上，规划选取 1～2 条支流，开展替代生境保护的可行性研究及试验示范工作。

根据对金沙江下游区域支流的踏勘，以水量、水质、地形地貌、河床河势、水文情势、鱼类资源、河流的开发状况等为指标进行比选，初步认为可选择龙川江（从尹地到河口 44 km）、黑水河（从普格县到河口 65 km）和雅砻江官地河段等支流开展支流保护可行性研究和试验示范工作。采取渔政管理、严格限制影响重点保护河段生态环境的开发活动、实施生态修复工程等保护措施对支流栖息地进行保护。

主要保护措施包括强化渔政管理协商渔业行政主管部门，在支流保护河段各设置一个渔政管理分站，在重点保护河段严禁捕捞作业；配合地方政府，严格限制影响重点保护河段生态环境的开发活动，有效实施生态修复工程；对于低坝径流或引水式的支流电站，可通过补修鱼道或泄放生态基流等措施恢复支流的连通性，进行微生境的改造，对于电站装机较小、已建电站少的支流，建议采取补偿拆除的方法，恢复天然河流生境。

3.5.2　增殖放流

1. 鱼类增殖放流站建设

根据金沙江下游规划环评要求以及《金沙江干流下游河段梯级开发鱼类增殖放流设施建设总体规划》，在乌东德枢纽建设区建设鱼类增殖放流分站，主要负责乌东德和白鹤滩两座水电站的鱼类增殖放流任务，鱼类增殖放流站概况见 3.4 节。

2. 放流

白鹤滩水电站库区淹没、大坝阻隔、径流调节导致下游水文情势改变等将会对鱼类种类组成和资源数量产生一定影响，结合今后整个金沙江下游梯级电站的逐步开发，需采取一定人工手段进行人工增殖放流（图 3.4）。

1）放流种类

结合金沙江中下游增殖放流规划综合考虑，白鹤滩水电站主要增殖放流种类为圆口铜鱼、长鳍吻鮈、长薄鳅、鲈鲤、齐口裂腹鱼、四川白甲鱼、裸体鳅鲀和前臀鮡，其中长薄鳅、鲈鲤、齐口裂腹鱼作为近期增殖放流对象，圆口铜鱼、长鳍吻鮈、四川白甲鱼、裸体鳅鲀、前臀鮡等作为中长期增殖放流对象，近期主要开展驯养与繁殖技术研究。

2）放流标准

放流的苗种必须是由野生亲本人工繁殖的子一代，必须无伤残和病害、体格健壮，需符合《水生生物增殖放流管理规定》的质量要求。

3）放流苗种数量和规格

放流数量：根据调查河段渔业资源状况、保护区及水库建设运行后水域面积，确定乌东德和白鹤滩年放流苗种为 105 万尾左右。长期增殖放流的数量需根据区域生态环境及鱼类资源的调查研究和人工繁殖技术情况，适时调整。

在增殖放流实际操作中，规格的确定宜根据苗种生长、苗种来源、水域生态环境状况以及凶猛性鱼类资源等灵活掌握。一般放流苗种规格以当年可培育成的大小为准。

4）放流区域和时间

放流区域主要为白鹤滩水电站库尾、库中和坝下河段，以及入库支流回水区，采取多点、分散方式放流。小规格放流鱼类的放流地点选择浅水、缓流的河湾或库湾，大规格放流鱼类的放流地点选择较深的缓流河湾及支流汇口附近。

水电站截流后即开始放流鱼类，近期放流时间暂按 20 年考虑，在每年 10～11 月放流 1 次。竣工验收时开展库区鱼类资源监测调查，根据库区、坝下及入库支流等河段的鱼类种群组成、鱼类资源的恢复情况和人工繁殖技术进展等，对拟定的放流对象和规模进行相应的调整，并制订长期的放流计划。

5）放流效果评价

放流效果的评价工作应由具有相当资质的科研单位承担，其主要工作内容包括研究鱼类的标志放流技术，建立与放流品种生物学习性相适应的高效标记技术和方法；开展标志放流技术研究，获得具有最佳生物学效果的人工放流方法，包括适宜的放流规格、数量、地点和时机等；开展人工增殖放流效果监测，建立样本回收及监测网络，通过研究人工增殖种群的行为生态学差异、对自然种群的贡献率等，评估增殖放流效果，为物种保护决策提供科学依据。

图 3.4　金沙江白鹤滩、乌东德水电站珍稀特有鱼类联合放流

图片由中国长江三峡集团有限公司提供

3.5.3　过鱼设施

集运鱼系统在初步设计阶段为集鱼船集鱼后通过车、船进行转运至大坝上游进行放鱼，与枢纽布置干扰较小，可单独运行。后期经方案比较，白鹤滩水电站采用和乌东德水电站类似的集运鱼系统，采用固定式集鱼站、移动式集鱼装置、运鱼车和运鱼船的综合方式进行运鱼（图 3.5）。

1. 过鱼对象及时间

白鹤滩水电站集运鱼系统的主要过鱼对象为产漂流性卵洄游的圆口铜鱼、长鳍吻鮈、长薄鳅、中华金沙鳅等长江上游特有鱼类和重要经济鱼类，除此之外兼顾影响区域分布的裂腹鱼科、鲇科、鮠科、鳠科等其他省级保护、红皮书珍稀濒危鱼类和特有鱼类的坝上下交流问题。

图 3.5　白鹤滩水电站运鱼车、运鱼船运鱼现场

图片来源于中国长江三峡集团有限公司

本工程过鱼时间主要考虑为鱼类产卵季节，即每年的 3～7 月，其余时间根据鱼类洄游情况进行适当调整。每天运行 10 h，为 8:00～18:00，其中主要为 9:00～13:00。

2. 集鱼、放鱼位置选择

1）集鱼位置选择

与乌东德水电站类似，白鹤滩水电站也为双曲拱坝地下厂房短引水发电形式，坝下水力条件与乌东德水电站接近，从水电站坝下可能的鱼类聚集区域初步分析，工程集鱼设施同样布置于尾水洞下游附近，在下游乌东德大桥的下游侧左右岸，以及河底中心区域。

2）放鱼位置选择

白鹤滩水电站的库区有普渡河、小江、以礼河和黑水河等支流，规模相对较大且有一定的回水长度，支流汇入口河段有一定的流速，可能成为鱼类产卵和放鱼的区域。白鹤滩水电站栖息地保护河段为乌东德防洪限制水位尖灭点以上约 37.5 km 的金沙江干流河段、黑水河汇口以上 65 km 河段。圆口铜鱼的资源保护河段为雅砻江锦屏二级大河湾（坝址至发电厂房的 119 km 雅砻江干流）。因此，白鹤滩水电站较优的放鱼位置为乌东德坝下约 40 km 的干流河段和普渡河、小江、以礼河和黑水河等支流汇入口河段。

3. 集运鱼设施初步设计方案

白鹤滩水电站集运鱼设施与乌东德水电站相同，相关参数参照乌东德水电站集运鱼设施，前面已有相关描述（3.4.3 小节），此处不再重复赘述。

3.5.4 生态调度

1. 生态调度目标及运行要求

乌东德、白鹤滩、溪洛渡和向家坝水电站通常实行联合生态调度，因此白鹤滩水电站的生态调度目标及运行要求与乌东德水电站一致，前面已有相关描述（3.4.4 小节），此处不再重复赘述。

2. 气体过饱和减缓措施

1）实施梯级联合调度

由于 TDG 过饱和对鱼类的影响与鱼类在过饱和水体环境中的滞留时间有关，减少泄洪频率与单次泄洪持续时间可以在一定程度上减轻 TDG 过饱和对鱼类的影响。因此，从减缓 TDG 过饱和对生物影响的角度出发，实施金沙江下游四库联合调度运行，尽可能减少各梯级泄洪频率和泄洪时间。

2）优化泄洪建筑物泄流次序

预测结果表明，在白鹤滩水电站单独运行时，表孔单泄、深孔单泄以及泄洪洞单泄方式泄洪产生的 TDG 饱和度分别为 140%、135% 和 144%，泄洪洞泄洪在坝下生成的 TDG 饱和度明显高于另外两种泄洪方式。因此，建议泄洪期间优先选择深孔单泄，其次是表孔单泄，尽量减少使用泄洪洞泄洪，以降低下游 TDG 饱和度。

3）增加发电流量，减少泄洪流量

研究表明，发电尾水对 TDG 过饱和没有显著影响，因此泄洪期间尽可能保证机组满发，减少泄洪建筑物的泄洪流量，从而降低生成的 TDG 饱和度。

第4章 主要过鱼对象及游泳能力

4.1 引　言

主要过鱼对象选取时应综合考虑物种的濒危程度、鱼类的经济价值、生态价值等多方面的需求，优先考虑具有长距离洄游及江湖洄游特性的鱼类，受到保护的鱼类，珍稀、特有及土著、易危鱼类，具有经济价值的鱼类或其他具有迁徙特征的鱼类。明确过鱼目标后，通过开展游泳能力测试，准确获取过鱼对象的流速偏好区及上限阈值，进而为过鱼设施的设计与布置提供更为科学的生态学依据。本书还从鱼类生理学角度出发，对其重要感受器官的侧线系统受水流刺激后的行为开展研究。基于运动状态变化的生理和行为分析，提出鱼类趋流行为的水动力学诱发机制。除感应流速外，补充压力、流速梯度和紊动条件完善指标体系。通过试验模拟类似坝下尾水的复杂非均匀流条件，开展水动力学和鱼类行为耦合试验，通过水流条件的变化引导正趋流反应，提出鱼类被诱导的感官搜索半径、转向角度和运动步长，解译鱼类上溯行为语义。

4.2 过鱼目标复核

根据金沙江中下游鱼类资源历史调查资料和相关文献记录，结合近年来该江段调查采集到的鱼类及其分布特点，基于白鹤滩梯级电站建设后该江段生态环境变化的影响分析，根据鱼类洄游习性、现有种群数量、物种重要性等筛选过鱼对象，综合建议如下：①考虑鱼类洄游习性，如圆口铜鱼、长薄鳅、长鳍吻鉤等繁殖过程需要中距离洄游的鱼类建议为最优先考虑对象，裸体异鳔鳅鉈、异鳔鳅鉈、小眼薄鳅、中华金沙鳅等需短距离洄游的鱼类建议为优先考虑对象；②考虑区域种群数量或特有性，如齐口裂腹鱼、红尾副鳅、短体副鳅等种群数量相对较多，通过过鱼获取更大范围适宜生境的鱼类建议为主要过鱼对象；③考虑物种区域重要性，如圆口铜鱼、鲈鲤、裸体异鳔鳅鉈、拟缘鉠等仅或主要在金沙江下游栖息的鱼类建议为主要过鱼对象。综合上述三种因素，最终确定优先和备选过鱼对象。

结合 2006 年以来金沙江下游鱼类资源调查结果，乌东德、白鹤滩坝下及其所在江段常见鱼类有 52 种，其中 13 种为长江上游特有鱼类。从物种洄游需求来看，草鱼、鲢、异鳔鳅鉈、裸体异鳔鳅鉈、铜鱼、圆口铜鱼、吻鉤、长鳍吻鉤、长薄鳅、小眼薄鳅、红唇薄鳅和中华金沙鳅这 12 种鱼类生活史过程需中短距离洄游，建议作为主要过鱼对象；从物种特有性来看，半鳘、黑尾近红鲌、齐口裂腹鱼、异鳔鳅鉈、裸体异鳔鳅鉈、圆口铜鱼、长鳍吻鮈、长薄鳅、小眼薄鳅、红唇薄鳅、短体副鳅、中华金沙鳅、拟缘𫚕13 种鱼类为长江上游特有鱼类，建议作为主要过鱼对象；从区域特有性来看，以金沙江下游为主要分布区的鱼类有齐口裂腹鱼、裸体异鳔鳅鮀、圆口铜鱼、长鳍吻鮈、短体副鳅、中华金沙鳅、细体拟鲿这 7 种，建议作为主要过鱼对象。综合鱼类洄游需求、物种特有性和区域特有性来看，圆口铜鱼、裸体异鳔鳅鮀、长鳍吻鮈、中华金沙鳅这 4 种为最优先过鱼种类；仅从洄游需求和特种特有性来看，圆口铜鱼、长鳍吻鮈、异鳔鳅鮀、裸体异鳔鳅鮀、长薄鳅、小眼薄鳅、红唇薄鳅和中华金沙鳅这 8 种鱼类为优先过鱼种类；仅从物种特有性和区域特有性来看，齐口裂腹鱼、裸体异鳔鳅鮀、圆口铜鱼、长鳍吻鮈、短体副鳅和中华金沙鳅这 6 种鱼类为优先过鱼种类（表 4.1）。

表 4.1　乌东德、白鹤滩坝下江段鱼类

序号	种类	乌东德	白鹤滩	特有鱼类	洄游习性	鱼卵特征	优先等级
1	鳘	+			定居性	浮性	
2	半鳘		+	√	定居性	浮性	
3	棒花鱼	+	+		定居性	黏性	
4	麦穗鱼	+	+		定居性	黏性	
5	青梢鲌		+		定居性	黏性	
6	红鳍鲌		+		定居性	黏性	
7	黑尾近红鲌		+	√	定居性	黏性	
8	寡鳞飘鱼		+		定居性	漂流性	
9	花鳍		+		定居性	黏性	
10	宽鳍鱲	+			定居性	黏沉性	
11	马口鱼	+			定居性	黏沉性	
12	鲫	+			定居性	黏性	
13	草鱼		+		江湖洄游	漂流性	
14	鲤		+		定居性	黏性	
15	鲢		+		江湖洄游	漂流性	
16	齐口裂腹鱼	+	+	√	定居性	沉性	*
17	异鳔鳅鮀	+		√	河道洄游	漂流性	**
18	裸体异鳔鳅鮀	+		√	河道洄游	漂流性	**
19	铜鱼		+		河道洄游	漂流性	
20	圆口铜鱼	+	+	√	河道洄游	漂流性	***
21	吻鮈		+		河道洄游	漂流性	
22	长鳍吻鮈	+	+	√	河道洄游	漂流性	***

续表

序号	种类	乌东德	白鹤滩	特有鱼类	洄游习性	鱼卵特征	优先等级
23	蛇鮈	+	+		定居性	黏性	
24	中华鳑鲏	+	+		定居性	喜贝	
25	泥鳅	+	+		定居性	黏性	
26	长薄鳅	+	+	√	河道洄游	漂流性	*
27	小眼薄鳅		+	√	河道洄游	漂流性	*
28	红唇薄鳅		+	√	河道洄游	漂流性	*
29	短体副鳅	+	+	√	定居性	漂流性	*
30	红尾副鳅	+	+		定居性	沉性	
31	犁头鳅	+	+		定居性	漂流性	
32	中华金沙鳅	+	+	√	河道洄游	漂流性	***
33	峨眉后平鳅	+			定居性	沉性	
34	中华沙鳅	+	+		定居性	漂流性	
35	鮎	+	+		定居性	黏性	
36	大口鮎	+	+		定居性	黏性	
37	华鲮	+			定居性	黏性	
38	白缘䱀	+			定居性	沉性	
39	拟缘䱀			√	定居性	沉性	
40	凹尾拟鲿	+	+		定居性	沉性	
41	切尾拟鲿	+	+		定居性	沉性	
42	细体拟鲿	+	+		定居性	沉性	
43	圆尾拟鲿		+		定居性	沉性	
44	光泽黄颡鱼	+	+		定居性	黏沉性	
45	瓦氏黄颡鱼	+	+		定居性	黏沉性	
46	黄颡鱼	+			定居性	黏沉性	
47	粗唇鮠	+			定居性	黏沉性	
48	长吻鮠		+		定居性	黏沉性	
49	大鳍鳠		+		定居性	黏沉性	
50	中华纹胸鳅	+	+		定居性	黏沉性	
51	子陵吻鰕虎鱼	+	+		定居性	黏沉性	
52	褐吻鰕虎鱼	+			定居性	黏沉性	

注：+指该鱼种在该处的坝下江段存在；√指特有鱼类；*指优先等级，*数量越多代表优先等级越高。

4.3 典型过鱼对象生态学特征及洄游习性

4.3.1 典型过鱼对象

1. 圆口铜鱼

1）形态特征

圆口铜鱼（*Coreius guichenoti*）是鲤科、铜鱼属鱼类。体长，头后背部显著隆起，前部圆筒状，后部稍侧扁，尾柄宽长。头小，较平扁。吻宽圆。口下位，口裂大，呈弧形。鼻孔大，鼻孔径大于眼径。背鳍较短，无硬刺，外缘深凹形。胸鳍宽且大，特别延长。背、腹鳍起点相对或腹鳍稍后。腹鳍至胸鳍基部距离小于至臀鳍起点。肛门靠近臀鳍，位于腹、臀鳍间的后 1/7～1/6 处。臀鳍起点至腹鳍基较至尾鳍基部为近。尾鳍宽阔，分叉，上下叶末端尖。上叶较长。下咽骨宽。肠管粗，其长一般略大于体长。鳔 2 室，前室包于厚膜质囊内，长圆形，略平扁，后室粗长，但普遍退化，或前室极小。或前室大，后室极细长；部分个体前、后室均大。腹膜银白色略带金黄。体黄铜色，体侧有时呈肉红色，腹部白色带黄。背鳍灰黑色亦略带黄色。胸鳍肉红色，基部黄色，腹鳍、臀鳍黄色。微带肉红，尾鳍金黄，边缘黑色（图 4.1）。

图 4.1　圆口铜鱼

2）生活习性

圆口铜鱼为下层鱼类，栖息于水流湍急的江河底层，常在多岩礁的深潭中活动。食性杂，以水生昆虫、软体动物、植物碎片、鱼卵、鱼苗等为食。其摄食活动与水温有密切关系，春、秋季摄食强烈，冬季减弱，昼夜均摄食，但白昼摄食率低于夜间，分布于长江上游干支流和金沙江下游以及岷江、嘉陵江、乌江等支流中。

3）繁殖特点

圆口铜鱼在 2～3 龄性成熟，产卵场在长江上游重庆、四川屏山，并上至金沙江云南朵美一带。生殖季节一般在 4 月下旬～7 月上旬，以 5～6 月初较为集中。怀卵量为 1.3 万～4.03 万粒，在具有卵石河底的急流滩处产漂流性卵，产出的卵迅速吸水膨胀并在顺水漂流过程中发育孵化。卵膜径一般为 5.1～7.8 mm，卵周隙比家鱼大，卵膜较厚。当水温在 22～24℃时，受精卵经 50～55 h 即可孵出。

正常情况下，圆口铜鱼在 4 龄时达到性成熟。每年的 4 月下旬～7 月中旬为其繁殖季节，在 5～6 月达到盛产期。雌鱼在 5 月达到最大繁殖力，6 月次之；而雄鱼在 5 月和 7 月的繁殖力最强。每年 3～6 月为其产卵期，3～4 月为产卵盛期，秋季也可产少量卵。在长江中，重庆至云南朵美江段分布有圆口铜鱼产卵场，在每年的繁殖季节，圆口铜鱼将从四川宜宾以下长江干支流沿河而上游至金沙江干流，并在铺满鹅卵石的急流滩处产漂流性卵。

4）现场调查情况

在 2018～2022 年白鹤滩、乌东德水电站所在江段调查到的渔获物中，圆口铜鱼占比最大，调查到的圆口铜鱼平均体长为 386.66 mm，体长范围为 278.2～866.4 mm，平均尾重为 318.11 g，体重范围为 209～401 g。2018～2022 年未在白鹤滩水电站坝下江段监测到圆口铜鱼产卵活动，仅在乌东德水电站坝下监测到圆口铜鱼鱼卵。

圆口铜鱼作为广泛分布在长江中上游的鱼类，其产卵场分布范围广泛，历史上从金沙江中游金安桥库区到金沙江下游屏山附近江段均有其分布（张轶超，2009），这将导致其繁殖水温具有较宽的分布范围，因此对所有圆口铜鱼产卵场在整个繁殖期间进行连续调查是必须的。然而，随着金沙江中下游水电开发的进行，特别是 2012 年 10 月～2014 年 10 月金沙江下游向家坝、溪洛渡水电站以及金沙江中游龙开口、鲁地拉和观音岩水电站的蓄水发电，导致原有在金沙江中下游的圆口铜鱼产卵场分布范围在 2014 年后大大缩小（产卵场压缩到巧家至攀枝花江段），从本次调查结果推断金沙江下游（白鹤滩、乌东德）圆口铜鱼主要在乌东德水电站坝上的库尾江段进行产卵活动。

通过参考余志堂等（1985）提出的计算公式，计算每天通过宜宾、巧家和皎平渡监测断面的圆口铜鱼鱼卵径流量，并基于式（4.1）估算金沙江下游某一采样断面上游所有产卵场某一天内完成繁殖活动亲鱼的数量：

$$N_i = R_i \mathrm{AF} \times (2.06 / 1.06) \tag{4.1}$$

式中：N_i 为某一采样日 i 在某一采样断面上游各产卵场完成繁殖活动的圆口铜鱼亲鱼数量（尾）；R_i 为某一采样日 i 通过某一采样断面的圆口铜鱼鱼卵径流量（粒）；AF 为金沙江下游圆口铜鱼的平均绝对怀卵量（22 496 粒/尾）（杨志等，2017b）；2.06 为金沙江下游圆口铜鱼亲鱼雌雄性比（1.06：1）的分子和分母之和；1.06 为金沙江下游圆口铜鱼亲鱼雌雄性比的分母。例如，2018 年在乌东德断面采集到 3 粒圆口铜鱼鱼卵，鱼卵鉴定参考曹文宣等提出的方法（曹文宣 等，2007），按余志堂等（1985）提出的计算公式推算出当日通过乌东德断面的圆口铜鱼鱼卵径流量为 513 459 粒，根据式（4.1）可以推算得出该断面上游各个产卵场完成繁殖活动的亲鱼数量约为 44 尾。

2. 长鳍吻鮈

1）形态特征

　　长鳍吻鮈（*Rhinogobio ventralis*）是鲤科、吻鮈属的一种鱼类。背鳍Ⅲ-7；臀鳍Ⅲ-6；胸鳍Ⅰ-15～17；腹鳍Ⅰ-7。侧线鳞48～49；背鳍前鳞14～16；围尾柄鳞16。第一鳃弓外侧鳃耙16～21。下咽齿2行，2.5～5.2。脊椎骨4＋43～44。体长为体高的4.0～4.5倍，为头长的4.0～4.6倍，为尾柄长的4.2～4.5倍，为尾柄高的9.0～9.5倍。头长为吻长的2.2～2.5倍，为眼径的6.5～7.5倍，为眼间距的3.1～4.2倍，为尾柄长的1.0～1.2倍，为尾柄高的1.7～2.3倍。尾柄长为尾柄高的1.9～2.2倍（图4.2）。

图4.2　长鳍吻鮈

　　体长且高，稍侧扁，头后背部至背鳍起点渐隆起，腹部圆，尾柄宽而侧扁。头较短，钝锥形。吻略短，圆钝，稍向前突出。口小，下位，呈深弧形。唇较厚，光滑，上唇有深沟与吻皮分离，下唇狭窄，自口角向前伸，不达口前缘。下颌厚，唇后沟中断，间距宽。须1对，位于口角，长度略大于眼径。眼小，侧上位，距吻端较至鳃盖后缘的距离为大或相等。眼间宽，略隆起。体鳞较小，腹部鳞片较体侧鳞小，腹鳍前鳞片向前逐渐细小。侧线完全、平直。

　　背鳍较长，第一根分枝鳍条的长度显著大于头长，外缘凹入较深，背鳍起点距吻端与其后端至尾鳍基的距离约相等。胸鳍宽且长，长度超过头长，外缘明显内凹，呈镰刀形，末端可到达或超过腹鳍起点。腹鳍长，末端远超过肛门，几达臀鳍起点，其起点位于背鳍起点之后，约与背鳍第二根分枝鳍条相对。肛门位置较近臀鳍起点，位于腹鳍基与臀鳍起点间的后1/3处。臀鳍亦长，外缘深凹。尾鳍深分叉，上下叶末端尖，等长。下咽齿主行的前3枚齿末端钩曲，其余2枚末端圆钝。鳃耙短小，排列较密，分布均匀。肠管约与体长相当，为体长的80%～110%。鳔小，2室，前室较大，圆筒状，外被较厚的膜质囊，后室细小且长，为前室的1.0～1.2倍。体背深灰，略带黄色，腹部灰白。背、尾鳍黑灰色，其边缘色较浅，其余各鳍均为灰白色。

2）生活习性

　　长鳍吻鮈是一种典型的喜激流性底栖小型鱼类，喜欢在乱石交错、急流险滩的江河底层等黑暗水环境中活动。长鳍吻鮈口下位，具短须，便于觅食底栖生物，主要摄取底栖动物为食，如摇蚊幼虫、鞘翅目幼虫和其他水生昆虫的幼虫以及藻类、淡水壳菜、蜻蜓目等，全年不停食。春夏季节时，随着水温增高，长鳍吻鮈活动范围一般较为广泛，常在急流险滩、峡谷深处、支流出口等处活动时被捕获。繁殖季节内，长鳍吻鮈出现较为明显的集群现象，喜欢集中在淌水滩上进行产卵活动，在某些江段甚至可以形成渔汛。秋冬季节时，随着水温逐渐降低，其活动逐渐减少，冬季进入江河峡谷深处进行越冬。

3）繁殖特点

产卵期为 3 月下旬～4 月下旬，产卵水温为 17～19.2℃。生殖群体集群在浅水滩处产卵，产卵场底质为沙、卵石，水深为 0.5～1 m。其成熟卵粒呈灰白色，卵径为 0.5～1 mm。受精卵膜透明，无黏性，产卵类型和特性与铜鱼相似，属漂流性卵类型，受精卵随水漂流发育。

4）现场调查情况

从本次调查结果来看，长鳍吻鮈在白鹤滩、乌东德水电站所在江段的渔获物中，占比相对较小，说明其资源量已经岌岌可危。刘军（2004）曾在研究长江上游 16 种特有鱼类的优先保护顺序时，将长鳍吻鮈列为低危鱼类，并且已达到三级急切保护标准。一般认为，鱼类自然种群的最适开发利用率为 0.5，而辛建峰等（2010）研究长江上游长鳍吻鮈时发现其自然种群资源的开发利用率达到 0.912，由此判断长江上游长鳍吻鮈自然种群资源早已处在过度捕捞的状态。

3. 长薄鳅

1）形态特征

长薄鳅（*Leptobotia elongata*）为鲤形目、鳅科、薄鳅属的鱼类，俗名为花鳅、薄鳅、花斑鳅等，是中国的特有物种（图 4.3）。

图 4.3　长薄鳅

体长，侧扁，尾柄高而粗壮。头侧扁而尖，头长大于体高，吻圆钝而短。口较大，亚下位，口裂呈马蹄形。上下唇肥厚；唇褶与颌分离，颏下无纽状突起。须 3 对，吻须 2 对，口角须 1 对。眼很小，眼下缘有 1 根光滑的硬刺，末端超过眼后缘。眼下刺不分叉，长度大于眼径。鼻孔靠近眼前缘，前鼻孔呈管状，后鼻孔较大，前后鼻孔之间有一处分离的皮褶。鳃孔较小，鳃膜在胸鳍基部前缘与峡部侧上方连接。背鳍和臀鳍均短小，没有硬刺；背鳍位于体的后半部；胸、腹鳍短，胸鳍基部具有 1 个长形的皮褶；尾鳍深叉状。鳞极细小。侧线完全。头部背面具有不规则的深褐色花纹，头部侧面及鳃盖部位为黄褐色，身体浅灰褐色。较小个体体侧有 6～7 条很宽的深褐色横纹，较大个体体侧则呈不规则的斑纹。腹部为淡黄褐色。背鳍基部及靠边缘的地方，有两列深褐色的斑纹，背鳍带有黄褐色泽。胸鳍及腹鳍呈橙黄色，并有褐色斑点。臀鳍有 2 列褐色的斑纹；尾鳍浅黄褐色，有 3～4 条褐色条纹。

2）生活习性

长薄鳅为广温性鱼类，喜钻泥，生活在水流较缓、溶氧含量高的河流底部，体色可以随周围环境微变，水温 0～33℃下均可生存，最佳生长温度为 23～28℃，有较强的耐饥饿能力，无需停食越冬，冬季亦可在室外浅水中生存。长薄鳅的热耐受能力较差，水温超过 33℃即可致死。鱼类的昼夜间耗氧率变化规律反映了鱼类的活动周期。邹桂伟等（1998）应用测定流水中溶氧量的方法测定了长薄鳅的耗氧率，发现长薄鳅的耗氧率具有昼夜节律性且受温度影响。丁少波等（2020）对大渡河下游典型鱼类的游泳能力进行了测试，发现在研究的 6 种鱼类（胭脂鱼、长薄鳅、长鳍吻鮈、异鳔鳅鮀、唇鱼骨、四川白甲鱼）中，长薄鳅的游泳能力位居前列。

3）繁殖特点

长薄鳅的性腺结构雌、雄不同，雄性精巢成对，呈乳白色；雌性卵巢发育早期呈浅肉色，后期为青灰色或浅黄色。长薄鳅适宜的繁殖水温为 22～25℃，一般在春夏之交（5～6 月）选择急流砂砾多的河段分批次产漂流性卵。圆球形卵子有着丰富无油球卵黄，卵粒青灰，在涨水季节顺高速水流漂流孵化。卵间周隙在卵出产后形成，使受精卵在急流中迅速分散，降低了被淤埋及被其他鱼类捕食的风险。长薄鳅雌性个体一般较大，性成熟于 2～3 龄。在繁殖季节时，雌雄鱼外观区别明显，雌鱼比雄鱼粗壮，腹部膨大显出卵巢轮廓，生殖孔红肿明显；雄鱼生殖孔泛红，有明显追星。

4）调查分析

2018～2022 年鱼类调查结果显示，长薄鳅在白鹤滩调查江段渔获物中占比位居前五，乌东德江段也捕获不少长薄鳅，坝下鱼类早期资源调查中未在两个江段调查到长薄鳅鱼卵。金沙江下游巧家江段长薄鳅产卵场主要集中在巧家、会泽和会东 3 个江段。资料表明，巧家江段长薄鳅产卵行为出现过中断，2008 年采集到长薄鳅鱼卵，2012 年向家坝蓄水后几年内未采集到，周湖海等（2019）在 2018 年的调查中长薄鳅已经成为该江段的优势种类。总体上看，金沙江下游长薄鳅的资源出现一定波动趋势。

4. 齐口裂腹鱼

1）形态特征

齐口裂腹鱼（*Schizothorax prenanti*）是鲤科、裂腹鱼属鱼类。体延长，稍侧扁；背缘隆起，腹部圆或稍隆起。头锥形。吻略尖。口下位，横裂或略呈弧形；下颌具锐利角质前缘，其内侧角质不甚发达；下唇游离缘中央内凹，呈弧形，其表面具乳突；唇后沟连续。须 2 对。背鳍末根不分枝鳍条较弱，其后缘每侧有 6～18 枚细小锯齿或仅为锯齿痕迹，甚至柔软光滑；背鳍起点至吻端之距离稍大于或等于其至尾鳍基部之距离。腹鳍起点与背鳍末根不分枝鳍条或第一分枝鳍条之基部相对。肛门紧位于臀鳍起点之前。胸鳍末端后伸达胸鳍起点至腹鳍起点之间距离的 1/2～2/3 处。臀鳍末端后伸不达尾鳍基部。尾鳍叉形，上下叶末端均钝。下咽骨狭窄。鳔 2 室，其后室长为前室长的 2.0～3.5 倍。腹膜黑色。新固定标本体背呈褐色或蓝褐色，或具少许黑褐色斑点，腹侧浅黄色；各鳍均呈浅黄色，背鳍和胸鳍或沾褐（图 4.4）。

图 4.4　齐口裂腹鱼

2）生活习性

齐口裂腹鱼主要以着生藻类为食，偶尔亦食一些水生昆虫、螺蛳和植物的种子。摄食时尾部向上翘起，以其发达的下颌角质边缘在岩石上从一端刮向另一端，随刮随吸，在其刚刮取过的岩石上留下明显的痕迹。

齐口裂腹鱼在自然环境中生长较慢，常见个体重 0.5～1 kg。1 龄鱼体重在 60 g 左右，3 龄鱼体重在 250 g 左右，5 龄鱼体重在 800 g 左右。1～2 龄鱼生长最快，3 龄鱼以后逐渐减慢。在池塘养殖中，体长为 13～16 cm（体重为 50～75 g）的鱼种，经过一年半饲养，平均体重可达 1.8 kg。

3）繁殖特点

雌性需在 4 龄达性成熟，雄性一般在 3 龄达性成熟。据调查，齐口裂腹鱼要上溯到栖息地以上的江段产卵，产卵时间差别大，岷江下游 3 月产卵，中游 4～5 月产卵，上游 7 月初才产卵；若遇到外界条件不好，即使性腺成熟，也可较长时间内不退化，以保障后代繁衍。卵多产于急流底部的砾石和细沙上，亦常被水冲下至石穴中进行发育。

4）现场调查情况

根据 2018～2022 年鱼类调查结果，齐口裂腹鱼在白鹤滩江段渔获物中重量占比位于前五，在乌东德江段的调查中齐口裂腹鱼在渔获物中的占比为 10.82%。齐口裂腹鱼是产黏性卵的短距离洄游性鱼类，金沙江乌东德坝址处多年平均流量为 3 850 m³/s，坝下江段大部分水流湍急，但同时也存在一些水流较缓、砾石较多的边滩和心滩，这种缓急交替的生境条件可满足齐口裂腹鱼在该江段完成生活史的要求。

4.3.2　生境适宜条件

通过对白鹤滩、乌东德水电站坝下水环境因子测定（表 4.2），2018～2022 年白鹤滩水电站坝下平均水温为 20.8～23.6℃，平均溶氧量为 8.58～8.95 mg/L；2018～2022 年乌东德水电站坝下平均水温为 20.6～22.9℃，平均溶氧量为 8.45～8.77 mg/L。

表 4.2　白鹤滩、乌东德水电站水文数据

时间	白鹤滩水电站坝下		乌东德水电站坝下	
	平均水温/℃	平均溶氧量/(mg/L)	平均水温/℃	平均溶氧量/(mg/L)
2018 年 6 月	21.4	8.76	20.6	8.45
2019 年 6 月	20.8	8.87	21.6	8.46
2019 年 8 月	22.5	8.95	22.4	8.66
2020 年 7 月	20.9	8.69	20.6	8.56
2021 年 8 月	21.5	8.72	20.7	8.77
2022 年 6 月	23.6	8.58	22.9	8.62

不同鱼类对水环境适应性要求不一样，主要过鱼对象繁殖生态需求如下：圆口铜鱼在金沙江中的产卵时间为 5～6 月，6 月为繁殖盛期，产卵水温大于 19℃，产漂流性卵，产卵喜急流，要求一定水深条件，产卵场流速要求一般大于 0.6 m/s。长薄鳅在金沙江中的产卵时间为 5～7 月，繁殖盛期为 7 月中上旬，产卵水温大于 19℃，产漂流性卵，产卵喜急流，要求一定水深条件，产卵场流速要求一般大于 0.6 m/s。齐口裂腹鱼在金沙江中的产卵时间为 12 月～次年 3 月，繁殖盛期为 1～2 月，产卵水温要求低于 15℃，卵具有一定比重，但在水流速度大于 0.6 m/s 时可随水漂流，多在急流浅滩上产卵，产卵场流速要求大于 0.3 m/s，低于 1.0 m/s。长鳍吻鮈在金沙江中的产卵时间为 5～9 月，繁殖盛期为 5 月初～6 月下旬，产卵水温要求大于 20℃，卵的比重相对较大，多在急流浅滩上产卵，水深小于 1.5 m，产卵场流速要求大于 0.3 m/s，低于 1.0 m/s。

产漂流性卵鱼类产卵场水深一般要求大于 1 m；底质一般要求稳定河床结构，具有一定稳定礁石和深潭结构；流速一般要求大于 0.6 m/s。产黏沉性卵鱼类产卵场水深一般要求不大于 1.5 m；底质一般要求为大小不一的卵石嵌套结构，具有一定滩流水流态；流速一般要求小于 1.0 m/s。

根据以上鱼类的生态习性，提出以下几点运输建议：①鱼的种类及规格：鱼的种类不同，生活习性也不同，对外界的反应程度也不一样。鱼体大小不同，耗氧率存在一定差异，对恶劣水质耐受程度也存在差异。圆口铜鱼、长薄鳅、齐口裂腹鱼、长鳍吻鮈等

鱼类耗氧率较高，对水质要求也较高，因此不宜长途运输，放流点距运输点之间的距离越短越好，同时建议采用天然河水存鱼并保持持续充氧。②鱼的体质：体质强壮的鱼，在运输过程中不经过锻炼，粪便排泄过多，耗氧高，排出的二氧化碳容易导致水质恶化，成活率较低。因此，在运输之前应进行目标鱼类拉网锻炼，提高成活率。③水温和溶氧：水温是影响运输成活率关键的环境因子，运输水温越低，饱和溶氧越高，溶氧速度越快。鱼类的耗氧率随着温度的升高而加快，因此在运输过程中要降低水温，但不宜过低，否则会导致鱼被动死亡。④水质：运输用水必须选择水质清新、含有机质和浮游生物较少、中性或微碱性、不含有毒物质的水。⑤运输时间：运输时间以夜间最佳，白天气温过高容易导致水温急剧上升，放流时温差过大，不利于鱼类适应河流水温。⑥运输方法：运输方法有封闭式运输和开放式运输，根据运输路程进行选择，运输时间低于 30 min 以封闭式运输最佳，高于 30 min 以开放式运输最佳。

4.3.3　洄游习性

1. 鱼类体形

根据白鹤滩、乌东德水电站坝下情况建议过鱼对象生物学参数，主要过鱼对象体形主要为圆筒形（短体副鳅等）、纺锤形（圆口铜鱼等）和平扁形（中华金沙鳅等）；从体长来看，分为两类，一类为小型鱼类，群体平均体长在 100 mm 以下，如短体副鳅等，另一类为中型鱼类，群体平均体长在 100～300 mm，如圆口铜鱼等；从体重来看，也可分为两类，一类为小型鱼类，群体平均体重小于 20 g；另一类为中型鱼类，群体平均体重在 50～300 g（表 4.3）。优先过鱼对象平均体长范围在 50～200 mm，平均体重范围在 1～300 g，从游泳能力来看，有圆口铜鱼等善游泳鱼类，也有中华金沙鳅等游泳能力较弱鱼类。

表 4.3　过鱼对象全长、体长、体重参数

种类	平均全长/mm	全长范围/mm	平均体长/mm	体长范围/mm	平均体重/mm	体重范围/mm
长鳍吻鮈	229.27	114.00～305.00	190.16	89.00～255.00	131.70	11.40～317.00
圆口铜鱼	270.00	58.00～450.00	225.94	42.00～395.00	273.38	1.40～1 465.00
齐口裂腹鱼	190.02	81.00～510.00	155.49	63.00～420.00	115.92	4.00～1 350.00
拟缘㲄	82.44	65.00～109.00	71.00	55.00～95.00	6.10	3.00～13.00
短体副鳅	73.56	25.00～144.00	64.01	22.00～130.00	4.91	0.10～13.90
红尾副鳅	102.14	49.00～174.00	89.87	35.00～155.00	6.99	0.40～26.10
长薄鳅	190.14	63.00～457.00	160.85	54.00～391.00	56.32	1.00～734.70
异鳔鳅鮀	125.00	109.00～134.00	95.33	82.00～103.00	15.10	9.00～19.30
中华金沙鳅	126.69	66.00～263.00	100.51	54.00～200.00	12.75	1.70～45.20

2. 鱼类习性

鱼的种类不同，其习性也不同，过鱼通道设计要全面考虑过鱼对象习性差异，如鱼

类是否洄游，过鱼通道大部分是为洄游鱼类考虑的，因此对于不洄游鱼类，一般其生活习性不进行考虑。其次，考虑洄游鱼类洄游特征及规律，不同的鱼类洄游季节不同，其鱼的种类不同，自身体形也不相同，过鱼通道设计应将体形最大的洄游鱼类作为优先考虑目标。最后，考虑影响洄游的内因和外因，在鱼类洄游时，鱼体生理因素等会影响洄游效果，生理因素主要表现在鱼类不同的生长阶段。鱼类生殖腺发育成熟后，脑下垂体和性腺分泌的性激素会促使鱼类去产卵场产卵，若产卵场与索饵场不在同一个地方，此阶段的鱼类就要进行产卵洄游；几乎所有鱼类在产卵期间不进行摄食，因此产卵后需大量食物而进行强烈的索饵，同时幼鱼生长育肥也需要索饵来满足躯体的生长和生殖腺的发育，若产卵场与索饵场不在同一个地方，此阶段的鱼类就要进行索饵洄游。环境因素主要包括水温、水流流速和水中的含盐量。与水温相关的鱼类洄游主要为产卵洄游和越冬洄游。鱼类产卵和鱼卵的发育都需要适合的水温，因此水温是鱼类产卵场的一个重要影响因子，是鱼类产卵洄游的重要影响因素。总体而言，要充分考虑不同鱼类生态习性差异性（表 4.4）。

表 4.4 金沙江下游主要鱼类生态习性

鱼名	生活史过程	食性	繁殖时间/月	繁殖习性	繁殖条件	产卵场	栖息水层
圆口铜鱼	河道洄游	杂食性	5~7	漂流性卵	>20℃、激流	固定	底层
中华沙鳅	河道洄游	底栖动物	5~7	漂流性卵	>20℃、激流	固定	底层
瓦氏黄颡鱼	定居性	杂食性	3~4	黏沉性卵	>14℃、缓流	随机	中层
长薄鳅	河道洄游	底栖动物	5~7	漂流性卵	>20℃、激流	固定	底层
鲤	定居性	杂食性	3~4	黏性卵	>14℃、静水	随机	底层
岩原鲤	定居性	杂食性	3~4	黏性卵	>14℃、缓流	固定	中层
鲇	定居性	肉食性	3~4	黏性卵	>14℃、静水	随机	中层
鲫	定居性	杂食性	3~4	黏性卵	>14℃、缓流	随机	中层
长鳍吻鮈	河道洄游	杂食性	5~7	漂流性卵	>20℃、激流	固定	底层
中华纹胸鳅	定居性	底栖动物	4~6	黏性卵	>14℃、缓流	随机	底层
异鳔鳅鮀	河道洄游	杂食性	5~7	漂流性卵	>20℃、激流	固定	底层
犁头鳅	短距离洄游	着生藻类	5~7	漂流性卵	>20℃、激流	固定	底层
光泽黄颡鱼	定居性	杂食性	3~4	黏沉性卵	>14℃、缓流	随机	中层
凹尾拟鲿	定居性	杂食性	3~4	黏沉性卵	>14℃、缓流	随机	中层
红唇薄鳅	河道洄游	底栖动物	5~7	漂流性卵	>20℃、激流	固定	底层
花斑副沙鳅	短距离洄游	底栖动物	5~7	漂流性卵	>20℃、激流	固定	底层
中华金沙鳅	河道洄游	着生藻类	5~7	漂流性卵	>20℃、激流	固定	底层
细体拟鲿	定居性	杂食性	3~4	黏性卵	>14℃、缓流	随机	底层
棒花鱼	定居性	杂食性	3~4	黏性卵	>14℃、缓流	随机	上层
四川白甲鱼	定居性	着生藻类	3~4	黏性卵	>14℃、缓流	随机	底层
中华鳑鲏	定居性	杂食性	3~4	喜贝产卵	>14℃、缓流	随机	上层

续表

鱼名	生活史过程	食性	繁殖时间/月	繁殖习性	繁殖条件	产卵场	栖息水层
花鳔	定居性	杂食性	4～5	黏性卵	>14℃、缓流	随机	中层
切尾拟鲿	定居性	杂食性	3～4	沉性卵	>14℃、缓流	随机	底层
裸体异鳔鳅鮀	短距离洄游	底栖动物	5～7	漂流性卵	>20℃、激流	固定	底层
短体副鳅	短距离洄游	底栖动物	5～7	漂流性卵	>20℃、激流	固定	底层
拟缘𫚐	定居性	底栖动物	3～4	沉性卵	>14℃、缓流	随机	底层
红尾副鳅	定居性	底栖动物	3～4	沉性卵	>14℃、缓流	随机	底层
齐口裂腹鱼	定居性	着生藻类	11月～次年3	沉性卵	>8℃、缓流	随机	底层

从金沙江下游常见鱼类来看，洄游性鱼类相对较少，仅有少量中短距离洄游鱼类，多数为定居性鱼类，因此从常见鱼类迁移习性来看，过鱼设施主要为满足鱼类繁殖（生殖洄游）和栖息地范围扩充（索饵洄游）的总体需求，由表 4.4 可以看出，蓄水后，过鱼需求较为迫切，均为具有一定洄游习性的鱼类。从过鱼对象索饵习性来看，主要为着生藻类、底栖动物、杂食性鱼类，多为底层索饵，因此过鱼后放鱼点需考虑是否满足近似自然生境条件，从乌东德、白鹤滩水电站设计水位来看，乌东德水库库尾和相应支流较为满足，其余河段蓄水后将不满足过鱼对象索饵需求，建议放鱼点为乌东德水库库尾、黑水河等水域。

3. 洄游季节

过鱼季节根据主要过鱼对象繁殖时间和过鱼需求确定。根据表 4.4 所示的鱼类生态习性及表 4.5 所示的乌东德、白鹤滩水电站坝下鱼类繁殖时间，鱼类繁殖时间主要集中在 3～7 月，产漂流性卵鱼类繁殖时间主要集中在 5～7 月。

表 4.5　乌东德、白鹤滩坝下鱼类繁殖时间表

繁殖时间/月	种类
12月～次年3	齐口裂腹鱼
3～5	华鲮、短体副鳅、红尾副鳅
3～6	马口鱼
3～7	长薄鳅、鲫
4～5	凹尾拟鲿、细体拟鲿、切尾拟鲿、瓦氏黄颡鱼、黄颡鱼
4～6	麦穗鱼、蛇鮈、宽鳍鱲、子陵吻鰕虎鱼、鲤、粗唇鮠、褐栉鰕虎鱼、犁头鳅、大口鲇
4～7	圆口铜鱼
5～6	鳘、中华鳑鲏、中华纹胸𩽾
5～7	白缘𫚙、小眼薄鳅、拟缘𫚐
5～9	长鳍吻鮈

4.4　鱼类游泳能力测试

在进行过鱼设施设计（如过鱼设施进出口位置）时需考虑过鱼对象的游泳能力。过鱼对象的游泳能力主要通过趋流特性与克流能力来描述，并以游泳速度和持续时间来表征。反映鱼类趋流特性的指标为感应流速，是鱼类刚刚能够感应水流产生趋流反应的流速值。鱼类克流能力根据其代谢模式和持续时间的不同主要表征为持续游泳速度、耐久游泳速度和突进游泳速度。持续游泳的时间通常以＞200 min 来计算，耐久游泳通常能够维持 20s～200 min，并以疲劳结束。突进游泳速度是鱼类所能达到的最大速度，维持时间很短，通常＜20 s。

目前，在鱼道设计中，一般以感应流速作为鱼道进口流速或洄游路线流速的下限，当河道流速大于感应流速时，鱼类更容易确定洄游方向；而临界游泳速度是耐久游泳速度的上限值，该指标在保证鱼类通过的前提下，对减小鱼道工程量、缩短鱼道长度有重要意义，因此国际上一般将临界游泳速度作为鱼道过鱼孔的设计流速的重要参考值；突进游泳速度是鱼类在面临捕食或被捕食以及其他特殊情况下爆发产生的游泳速度，对于鱼道的一些特殊结构及高流速区，则通常以鱼类的突进游泳速度通过。

4.4.1　测试装置及测试方法

1. 试验装置

鱼类游泳能力测定装置采用丹麦 LoligoSystems 公司生产的中型游泳水槽（SW10150）。水槽密封部位体积为 30 L，测试区域规格为 55 cm×14 cm×14 cm，测试区域流速变化范围为 0～175 cm/s。密封水槽中的流速由电动机转动产生，可通过调节变频器而改变测试区域内的流速大小，同时通过变频器连接稳压器，以及测试区域左侧的蜂窝状稳流装置，以产生均匀恒定的流场。此外，还使用溶解氧测定仪 YSI EcoSense DO200A、数字测速仪和 30 mm 侧流道叶轮流速探头，游泳能力测定装置及仪器见图 4.5。

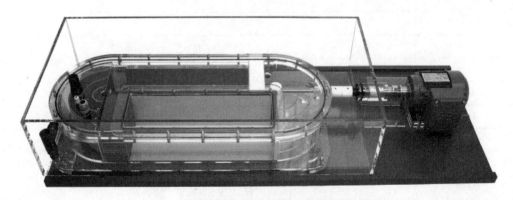

图 4.5　丹麦 LoligoSystems 中型游泳水槽

在试验开始前，需用数字测速仪对测试区域内的流速进行测定，并建立调速器转速与测试区域内流速的关系。测定调速器转速每增加 100 r/min 水槽中的流速，以绘制"转速-流速"标准曲线。由于测试密封区域较小，流速测定时选取测试区域的上、中、下三个点的平均值。转速与流速的关系见图 4.6。

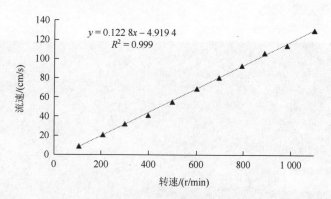

图 4.6　调速器转速与测试区域流速之间的关系

基于上述鱼类游泳能力指标在国内外过鱼设施研究当中的应用，选取感应流速、临界游泳速度及突进游泳速度作为本试验测试指标。

2. 鱼类游泳能力测试方法

1）感应流速测试方法

在本试验中，将暂养 24 h 后的试验鱼捞出测量其体重和体长，将试验鱼头部指向逆水流方向，将其放置于游泳能力测试水槽，在静水中适应 30 min，然后以 1 cm/s 的流速增量、1 min 的时间间隔，逐步调大测试段中的流速，同时观察鱼的游泳行为，直至试验鱼掉转方向并保持定向游动，此时的流速作为试验鱼的感应流速。

2）临界游泳速度测试方法

本试验中，临界游泳速度的测试采用"递增流速法"（Brett，1967），在感应流速测试试验结束后，将游泳水槽（图 4.7）内的流速调整为低流速（1 BL/s）下适应 10 min，然后逐步调大测试段中的流速，流速增量为 1 BL/s，时间间隔为 10 min。同时，通过摄像机全程记录测试过程，传感器同步监测溶解氧降低过程和水温升高过程，观察鱼的游泳行为，直至试验鱼疲劳无法继续游动，此时结束试验，记录游泳时间。

临界游泳速度计算公式为

$$U_{\text{crit}} = V_{\text{p}} + \left(\frac{t_{\text{f}}}{t_{\text{i}}}\right)V_{\text{i}} \tag{4.2}$$

式中：U_{crit} 为临界游泳速度；V_{i} 为速度增量；V_{p} 为鱼极限疲劳的前一个水流速度；t_{f} 为达到极限疲劳的时间与上次增速时间之间的时间差；t_{i} 为时间间隔。

3）突进游泳速度测试方法

本试验中，采用未进行过临界游泳速度测试试验的样本鱼进行突进游泳速度测试，试验前对鱼类体长和体重进行测量。试验中对流速的控制与临界游泳速度测试方法一样，采用"递增流速法"，流速增量为 1 BL/s，但时间间隔为 20 s。突进游泳速度计算公式与临界游泳速度计算公式一致。

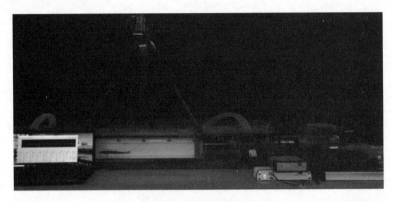

图 4.7　游泳能力测试

3. 试验材料

游泳能力测试对象为金沙江下游河段 4 种产漂流性卵鱼类及其他主要过鱼对象，分别为圆口铜鱼、长鳍吻鮈、长薄鳅、中华金沙鳅（表 4.6）。

表 4.6　金沙江下游河段 4 种产漂流性卵鱼类相关特性表

序号	鱼名	分类级别	习性	食性	繁殖	成鱼体长/cm
1	圆口铜鱼（*Coreius guichenoti*）	长江上游特有鱼类	江河流水性底层鱼类，成熟个体在繁殖季节前有上溯洄游的习性	杂食性鱼类	产卵季节为 5～7 月下旬，产卵场分布在金沙江中、下游	约 30
2	长鳍吻鮈（*Rhinogobio ventralis*）	长江上游特有鱼类	底栖性鱼类，喜在乱石交错、急流险滩的江底活动	肉食性鱼类	产卵期为 3 月下旬～4 月下旬，漂流卵	约 20
3	长薄鳅（*Leptobotia elongata*）	长江上游特有鱼类	栖息于水体的底层，繁殖季节有向上洄游的习性	主要食物是小鱼、虾、水生昆虫	繁殖期在 3～5 月，产卵场位于水流湍急处	约 30
4	中华金沙鳅（*Jinshaia sinensis*）	长江上游特有鱼类	底层，在流水中产漂流性卵	摄食底栖无脊椎动物	5～6 月在水流湍急处产卵	约 12

圆口铜鱼初次性成熟年龄在雌雄个体中存在差异，其中雌性个体初次性成熟年龄为 4 龄，雄性个体则为 3 龄。性成熟个体中，雌性个体最小体长 256 mm，最小体重 441 g；雄性个体最小体长 290 mm，最小体重 396.6 g。长鳍吻鮈在 3 龄以上达性成熟。性成熟最小个体：雄鱼体长 165 mm，体重 50 g；雌鱼体长 190 mm，体重 125 g。长薄鳅是鳅科鱼

类中最大的种类，常见个体重 0.5～1 kg，最大个体重 2～3 kg，3 龄成熟。中华金沙鳅个体较小，生长缓慢。4 龄鱼体长 87～93 mm；5 龄鱼体长 93～115 mm；6 龄鱼体长 108～118 mm。

4.4.2 能力测试结果

圆口铜鱼感应流速 95% 置信区间为 0.15～0.19 m/s，中位数为 0.17 m/s；长鳍吻鮈95% 置信区间为 0.14～0.19 m/s，中位数为 0.18 m/s；长薄鳅 95% 置信区间为 0.14～0.18 m/s，中位数为 0.15 m/s。

圆口铜鱼临界游泳速度 95% 置信区间为 0.65～0.76 m/s，中位数为 0.72 m/s；长鳍吻鮈95% 置信区间为 0.83～1.04 m/s，中位数为 0.96 m/s；长薄鳅 95% 置信区间为 0.78～0.92 m/s，中位数为 0.85 m/s；中华金沙鳅由于其攀底特性，所测试的五尾鱼均能克服最大流速 1.50 m/s，且均能持续 200 min，因此按照此方法测试的中华金沙鳅临界游泳速度大于 1.50 m/s（表 4.7）。

表 4.7 主要过鱼对象游泳能力测试结果

种类	温度/℃	溶氧量/(mg/L)	全长/m	感应流速/(m/s)	临界游泳速度/(m/s)	突进游泳速度/(m/s)
圆口铜鱼	17.40～21.00	7.33～8.84	0.18～0.28	0.12～0.22	0.58～0.83	—
长鳍吻鮈	17.50～23.30	6.27～8.21	0.13～0.24	0.07～0.24	0.70～1.17	1.19～1.74
长薄鳅	15.90～23.20	6.06～8.62	0.15～0.26	0.12～0.23	0.76～1.23	1.08～1.69
中华金沙鳅	17.00～21.30	8.08～8.90	0.12～0.14	—	1.50	—
长丝裂腹鱼	12.90～16.00	8.21～9.25	0.21～0.30	0.05～0.08	0.67～0.89	1.05～1.43
短须裂腹鱼	13.40～15.60	7.68～8.70	0.26～0.32	0.06～0.08	0.64～0.88	1.03～1.37
四川白甲鱼	20.40～24.00	6.03～7.35	0.15～0.21	0.06～0.13	0.90～1.47	1.43～1.65

注：全长为平均值±标准差。

4.5 鱼类上溯的行为学分析

4.5.1 试验材料与方法

1. 试验材料

齐口裂腹鱼（*Schizothorax prenanti*），隶属于鲤科、裂腹鱼亚科，俗称雅鱼，主要分布于长江上游金沙江、岷江、大渡河等水域，为山区河流的重要经济性鱼类，2000 年被四川省列为重点保护鱼种并设置了禁渔区。裂腹鱼在体形特征与游泳能力上与本研究过鱼对象具有较强的相似性和类比性。本研究选择处于繁殖期内具有洄游需求的齐口裂腹鱼为研究对象，暂养期间，暂养水池内利用空气泵连续泵氧，溶氧量维持在 6.50～8.50 mg/L 的水平，每日用新鲜曝气水体更换总水体体积的 10% 以维持水质环境（7＜pH＜8），使用医用恒温冰袋对水体进行恒温处理［水温为（18.83±0.24）℃］。根据鱼体体重的 5%对试验鱼投喂配合饲料，每日定期清理残余物以维持水质环境，试验前 24 h 对试验鱼禁食避免消化代谢活动对试验过程产生影响。暂养过程中，实时观察鱼体状态，当出现游泳行为迟缓或水霉病等症状时及时从暂养水槽中移出试验鱼以避免发生交叉感染的情况。试验结束后，逐条对鱼体体长及体重范围进行测量，其中体长范围为（29.60±2.50）cm，全长范围为（32.30±2.70）cm，体重范围为（304.21±77.15）g，如图 4.8 所示。

(a) 齐口裂腹鱼体长测量　　　　　　　　　　　(b) 齐口裂腹鱼体重测量

图 4.8　齐口裂腹鱼体长、体重测量

2. 分析方法

1）试验装置

鱼类在自然水流环境下的游泳行为具有自主性与随机性，目前鱼类游泳行为及游泳能力特性的研究方法总体上可归纳为野外原位观测法及室内水槽试验法。与野外原位观测法相比，室内水槽试验法可以严格控制试验条件变量，如流速、水温、气体溶解度和不同的水工结构形式等，试验具有重复性，可直接研究同一变量因子在不同水平下对鱼类游泳行为的影响。室内水槽试验又进一步分为封闭式水槽与开放式水槽。封闭式水槽一般为上端封闭的循环水槽，主要缺点是鱼在封闭水槽内的游泳形式为被迫游泳，运动空间受限进而影响不同游泳姿态切换，导致鱼类真实游泳能力被低估。

本研究为解译鱼类自主上溯游泳行为特征，自主研发设计了鱼类行为学测试矩形自循环水槽（图 4.9），包含的结构从上游到下游依次为流量入口、上游蓄水池、上游进口格栅、整流栅、上游隔流板、钢化玻璃及钢结构、混凝土循环水槽、游泳测试区域、启闭拦网、适应区域、固定拦网、电动螺旋桨、下游蓄水池，以及距离水槽上部 4 m 处的 4 台高速摄像机，各部分的几何尺寸如图 4.10 所示。游泳水槽两侧边墙和槽底均处理得光滑平整以减少摩擦阻力及边界效应对试验过程的影响。

水槽循环动力来源于下游设置的由电动机控制的螺旋桨推进，其中螺旋桨叶片半径为 0.18 m，总共布置 3 台，分别为 1 号、2 号、3 号螺旋桨，每台螺旋桨叶轮中心间距为 0.60 m。电动机通过传动轴带动螺旋桨转动以向上游推动水流，其中电动机的工作功率为 60 W，其转速由 3 台变频器调控，变频器的调节范围为 0～50 Hz。

试验之前，水槽中蓄存水深为 30 cm 的水体，3 台电动机转动频率均设置为 30 Hz，在螺旋桨的推送下，恒定流量为 0.60 m³/s 左右的水体从侧面混凝土循环水槽通过流量入口进入水槽。紊乱的水流经过整流栅整流平顺后进入不同密度的进口格栅形成不同流速范围的区间，其中进口 1、2、3 的格栅数量分别为 7、5、0，因此分别形成了低、中、高三种流速区域。流经游泳测试区域的水流经过适应区域后回到下游蓄水池进行循环，试验期间流量恒定，水深变化范围为 35～40 cm，实时的流量及水深通过电磁流量计及水位测针进行测量监控。

在试验水槽正上方 4 m 高的位置安装有 4 台摄像机（WIM SkyStar，30 帧/s），水槽的水深设置为 0.30 m，以消除水深对视频的影响，从而进行平面二维的研究。在试验过程中全程记录试验鱼群的游泳轨迹。试验中采用声学多普勒流速仪（acoustic Doppler velocimeter，ADV）进行流速测量，将测得的流场结果进行处理，并依据视频捕捉软件确定试验鱼游泳轨迹，将鱼类上溯轨迹与流场结果进行对比分析。试验中 ADV 测量得到纵向、横向和垂向流速后，提取数据进行流速矢量求和、流速梯度及紊动能的计算，最后鱼类游泳轨迹与所得流场进行耦合分析。

2）试验步骤

在鱼类自主上溯游泳行为测试开始前，从暂养池中随机挑选出一尾活性良好的试验鱼放入水槽下游适应区域，以消除捞取过程中的胁迫而产生的应激反应，待试验鱼适应试验的水流及水温环境后，提升启闭拦网，试验鱼进入游泳测试区域进行自主游泳，利用水槽上方架设的 4 台高速摄像机记录试验鱼的完整行为过程。对 60 尾试验鱼在相同的水流条件下进行了重复性试验，其中 52 尾成功上溯，8 尾没有出现明显上溯行为。为避免行为重复影响试验结果，每尾鱼仅观测一次。在鱼群游泳行为试验中，每次从下游适应区同时释放 3 尾鱼，重复 15 次，共计释放 45 尾。

图 4.9　鱼类自主上溯游泳行为试验装置实物图

4.5.2　水动力学条件

1．流速大小

鱼类个体及群体上溯过程中对水流速度的选择如图 4.11 所示，从图 4.11（a）中可知，背景水流速度的范围为 0～1.50 m/s，鱼类个体及群体在运动过程中均选择了流速较小的区域而避开了流速较高的区域。如图 4.11（b）所示，经布尔交集计算得出鱼类个体上溯过程中偏好的水流速度范围为 0.11～0.41 m/s，逃避的水流速度范围为 0.41～1.34 m/s；鱼类群体上溯过程中偏好的水流速度范围为 0.11～0.58 m/s，逃避的水流速度范围为 0.58～1.34 m/s，取鱼类个体和群体的选择交集可得鱼类上溯过程中偏好的水流速度范围为 0.11～0.41 m/s。

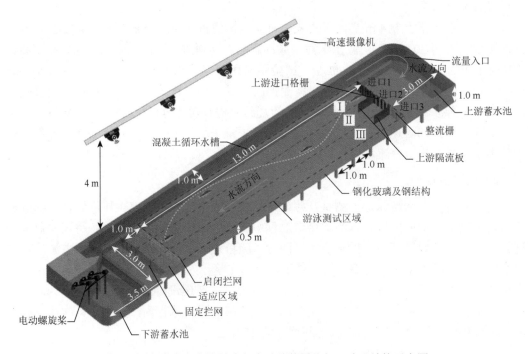

图 4.10　鱼类自主上溯游泳行为试验装置几何尺寸及结构示意图

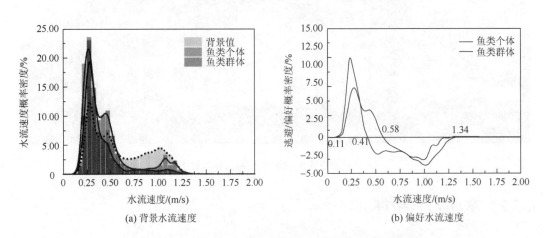

(a) 背景水流速度　　　　　　　　　　　(b) 偏好水流速度

图 4.11　鱼类个体及群体上溯过程中水流速度偏好范围

2. 流速梯度

1）纵向流速梯度

鱼类个体及群体上溯过程中对纵向流速梯度的选择如图 4.12 所示，从图 4.12（a）中可知，背景纵向流速梯度的范围为 $-0.5 \sim 0.5\ \mathrm{s}^{-1}$，且鱼类个体及群体对纵向流速梯度的选择概率与背景值概率分布比较一致。如图 4.12（b）所示，经布尔交集计算得出鱼类个体上溯过程中偏好的纵向流速梯度范围为 $-0.12 \sim 0.02\ \mathrm{s}^{-1}$，逃避的范围为 $0 \sim -0.12\ \mathrm{s}^{-1}$ 及 $0.02 \sim 0.45\ \mathrm{s}^{-1}$；鱼类群体上溯过程中偏好的纵向流速梯度范围为 $-0.29 \sim -0.22\ \mathrm{s}^{-1}$ 及 $-0.12 \sim 0.07\ \mathrm{s}^{-1}$，逃避的范围为 $0.07 \sim 0.45\ \mathrm{s}^{-1}$，取鱼类个体和群体的选择交集可得鱼类上溯过程中偏好的纵向流速梯度为 $-0.12 \sim 0.02\ \mathrm{s}^{-1}$。

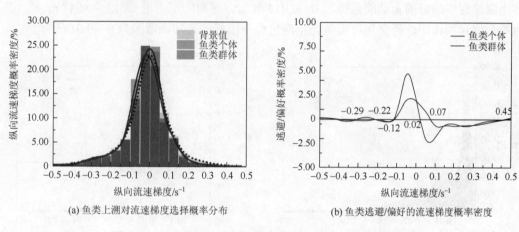

(a) 鱼类上溯对流速梯度选择概率分布　　　　(b) 鱼类逃避/偏好的流速梯度概率密度

图 4.12　鱼类个体及群体上溯过程中纵向流速梯度偏好范围

2）垂向流速梯度

鱼类个体及群体上溯过程中对垂向流速梯度的选择如图 4.13 所示，从图 4.13（a）中可知，背景垂向流速梯度的范围为 $-1.5 \sim 1.0\mathrm{s}^{-1}$。如图 4.13（b）所示，经布尔交集计算

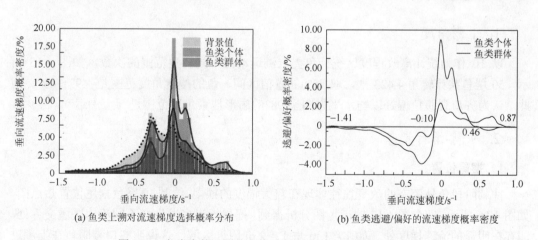

(a) 鱼类上溯对流速梯度选择概率分布　　　　(b) 鱼类逃避/偏好的流速梯度概率密度

图 4.13　鱼类个体及群体上溯过程中垂向流速梯度偏好范围

得出鱼类个体上溯过程中偏好的垂向流速梯度范围为 $-0.10\sim0.46s^{-1}$，逃避的范围为 $-1.41\sim-0.10s^{-1}$ 及 $0.46\sim0.87s^{-1}$；鱼类群体上溯过程中偏好的垂向流速梯度范围为 $-0.10\sim0.87s^{-1}$，逃避的范围为 $-1.41\sim-0.10s^{-1}$，取鱼类个体和群体的选择交集可得鱼类上溯过程中偏好的垂向流速梯度为 $-0.10\sim0.46s^{-1}$。

3. 紊动能

鱼类个体及群体上溯过程中对紊动能的选择如图 4.14 所示，从图 4.14（a）中可知，背景紊动能的范围为 $0\sim0.06\,\mathrm{m^2/s^2}$，鱼类个体及群体在运动过程中均偏好选择低紊动能区域而避开了高紊动能区域。如图 4.14（b）所示，经布尔交集计算得出鱼类个体上溯过程中偏好的紊动能范围为 $0\sim0.01\,\mathrm{m^2/s^2}$，逃避的紊动能范围为 $0.01\sim0.049\,\mathrm{m^2/s^2}$；鱼类群体上溯过程中偏好的紊动能范围为 $0\sim0.013\,\mathrm{m^2/s^2}$，逃避的范围为 $0.013\sim0.047\,\mathrm{m^2/s^2}$，取鱼类个体和群体的选择交集可得鱼类上溯过程中偏好的紊动能范围为 $0\sim0.01\,\mathrm{m^2/s^2}$。

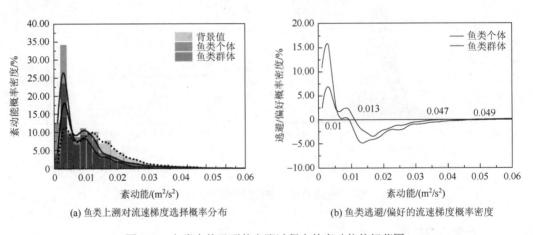

(a) 鱼类上溯对流速梯度选择概率分布　　　　　　(b) 鱼类逃避/偏好的流速梯度概率密度

图 4.14　鱼类个体及群体上溯过程中的紊动能偏好范围

4.5.3　感官解译

1. 上溯角度

以 10° 作为统计离散程度，统计鱼类上溯运动时不同转角范围的次数，如图 4.15 所示，50 尾鱼共计转角 4 423 次，取 75% 的置信区间，鱼的搜索角度范围是 $-49°\sim49°$。因此，认为齐口裂腹鱼偏好以与水平方向呈 98° 的扇形搜索角度范围进行上溯运动。

2. 冲刺-滑行步态

1）摆尾位置

冲刺阶段鱼体姿态的改变往往体现在较大幅度的摆尾。绘制 10 尾鱼摆尾位置热点图，如图 4.16 所示。结合图 4.17 的流场图分析得到，摆尾行为多发生在不同流速区域交界处，即存在明显的流速梯度处，如 $Y=1\,\mathrm{m}$ 与 $Y=2\,\mathrm{m}$ 附近区域。这说明齐口裂腹鱼在上溯过程中往往会选择在具有流速梯度的区域进行冲刺,从而适应非均匀流场。

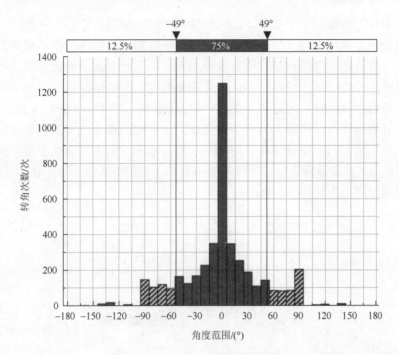

图 4.15　感官上溯搜索角度图

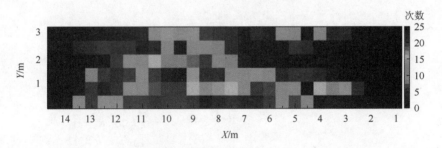

图 4.16　摆尾位置热点图

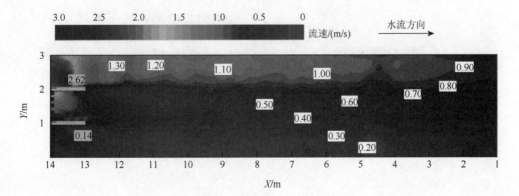

图 4.17　流场插值分布图

2）偏好流速范围

"冲刺-滑行"游泳由一个或多个连续的冲刺游泳和紧随的滑行游泳组成，冲刺游泳阶段包括从稳态迅速增加到高游泳速度的快速启动阶段和尾鳍等幅摆动维持高游泳速度的匀速阶段，滑行游泳阶段包括从高游泳速度逐渐降到相对水流静止的减速阶段和停止游泳被水流往后冲的阶段。分别绘制 10 尾鱼摆尾角度与摆尾频率分布图，如图 4.18 所示，统计得到其冲刺阶段偏好摆尾角度为 25°～35°，偏好摆尾频率为 2.5～3.5 次/s。进一步提取其做出偏好游泳动力学指标范围内的摆尾行为所对应的摆尾位置的水流速度。叠加绘制"所有摆尾"情形与"偏好摆尾"情形的频率分布图，后者频率高于前者频率片段所对应的流速，为本试验条件下齐口裂腹鱼的偏好流速，如图 4.19 所示。在本试验条件下，其冲刺阶段偏好流速为 0.20～0.40 m/s。

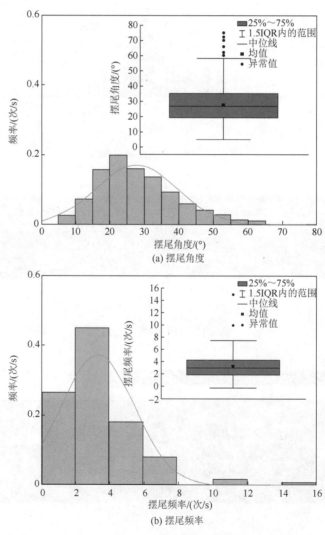

(a) 摆尾角度

(b) 摆尾频率

图 4.18　摆尾角度及摆尾频率分布图

25%～75%指当前数据的上下四分位数；IQR 指四分位距，interquartile range

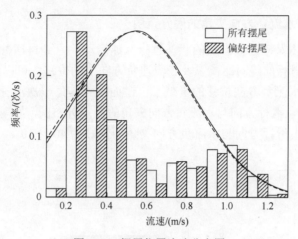

图 4.19　摆尾位置流速分布图

3）滑行流速系数

为了进一步分析滑行阶段摆尾角度（θ）、滑行距离（L）和流速（v）三者之间的耦合规律，首先引入摆尾推进效率（η），它表示单位摆尾角度内鱼体前进的绝对距离，计算公式如式（4.3）所示。为进一步加入流速这个水动力学参数，最终引入滑行流速系数（α），它表示单位流速下摆尾推进效率的标准化值，计算公式如式（4.4）所示。汇总统计 10 尾鱼的滑行流速系数（α），结果表明如图 4.20 所示，当其数值为 1～3 时具有一定的代表性，从而定量得到了滑行阶段摆尾角度（θ）、滑行距离（L）和流速（v）三者之间的耦合关系。

$$\eta = \frac{L}{\theta} \times 100\% \tag{4.3}$$

$$\alpha = \frac{\eta}{v} \tag{4.4}$$

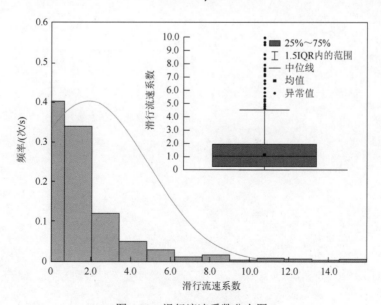

图 4.20　滑行流速系数分布图

4）滑行方向与水流负方向夹角的偏好范围

滑行阶段，鱼体保持近似直线的状态进行减速运动，直到再次冲刺摆尾加速。通过计算其滑行过程中滑行的绝对距离以及在流速负方向上的位移，可以计算"冲刺-滑行"行为行进的路程对水流负方向位移的贡献率，进而得到其每一次滑行方向与水流负方向的夹角。绘制 10 尾鱼滑行方向与水流负方向夹角的概率分布图，如图 4.21 所示，得到齐口裂腹鱼上溯过程中滑行方向与水流负方向夹角的偏好为 40°～60°。

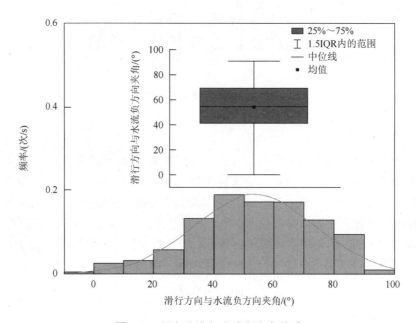

图 4.21　滑行方向与水流负方向关系

（扫一扫，见本章彩图）

第5章 乌东德、白鹤滩水电站集运鱼系统设计

5.1 引　言

环境影响报告书批复意见中明确指出，严格落实过鱼设施、鱼类增殖放流等水生生态保护措施。针对电站建设和运行对鱼类的影响，采取集运鱼系统过鱼、鱼类增殖放流、设置人工鱼巢等补救措施，在蓄水前完成各项鱼类保护措施建设，下阶段开展过鱼设施方案论证，做好过鱼设施设计与建设，确保其发挥作用，建立相关运行机制，开展过鱼效果监测评估。

为进一步落实环评批复意见，本书基于项目团队持续服务于乌东德、白鹤滩水电站过鱼设施设计和运行中的经验总结，研究分阶段性实施，针对高坝大库的水电开发特点和典型鱼类习性，围绕金沙江下游水电开发河流生态服务功能最大化与水资源合理利用重大科学问题，开展包括野外生态调查、室内机理试验、物理模型试验及数值模拟和野外原位观测研究，着力解决高坝过鱼全过程中的四大关键技术难题，为乌东德、白鹤滩水电站竣工环保验收创造条件，并为金沙江下游流域梯级过鱼设施设计提供技术支撑。其核心研究目的为"优化设计方案，最大程度发挥工程运行后过鱼效果"，有助于为金沙江下游流域梯级过鱼的实施确立全局性思路建议。

5.2 乌东德水电站过鱼设施实施

5.2.1 环评批复意见及总体要求

严格落实过鱼设施、鱼类增殖放流等水生生态保护措施。乌东德水电站建设将改变坝址上下游河段的水文情势，阻隔鱼类迁移，造成鱼类生境破碎化，淹没皎平渡圆口铜鱼等重要鱼类产卵场，进一步加剧圆口铜鱼及其他长江上游珍稀特有及保护鱼类种质资源丧失的风险。在工程截流前建成乌东德鱼类增殖放流站，形成运行管理和技术能力，承担乌东德、白鹤滩水电站的增殖放流任务，放流对象为圆口铜鱼、长薄鳅、鲈鲤、齐口裂腹鱼、长鳍吻鮈、四川白甲鱼、裸体异鳔鳅鮀、前臀鮡等长江上游珍稀特有保护鱼类，总放流规模不低于105万尾/年，开展增殖放流标志跟踪监测评估，根据监测结果调整增殖放流对象及规模。

分阶段完成黑水河栖息地保护河段连通性恢复工程，做好既有闸坝拆除方案论证工作，避免造成新的生态破坏和环境污染；在黑水河生态治理工程实施中应避免产生新的阻隔影响。做好雅砻江桐子林坝下至河口约 15 km 河段的保护工作，进一步优化拟修复产卵场的选址及修复方案。开展溪洛渡、向家坝、乌东德水电站尾水及附近水域鱼类分布及行为的原型观测试验，进一步优化完善集运鱼系统设计及运行方案，确保集运鱼系统运行安全、稳定，提高操作效率和过鱼效果。加强鱼类增殖放流站生产能力建设，确保达到环评批复要求的放流规模，提高放流鱼类规格。优化人工鱼巢设计，确保满足各保护鱼类的产卵需求。

5.2.2　集运鱼系统设计方案

1. 集运鱼系统方案论证

为落实环评批复关于开展过鱼设施方案论证、确保过鱼效果等要求，2017 年中国长江三峡集团有限公司组织长江设计集团有限公司、长江水资源保护科学研究所、水利部中国科学院水工程生态研究所、中国长江三峡集团有限公司中华鲟研究所等单位开展过鱼方案论证工作，围绕工程过鱼目标、坝下鱼类分布、鱼类洄游路线等集运鱼系统设计的关键问题，开展了鱼类资源调查、坝下鱼类分布探测、坝下流场模拟、物理模型试验、现场流速测量等大量基础科研工作，对鱼类生态习性、坝下鱼类分布、鱼类上溯路径等进行了详细分析，在大量收集国内外集运鱼系统案例并进行分析总结的基础上，提出了由集鱼系统、提升系统、分拣装载系统、运输过坝系统、码头转运系统、运输放流系统和监控系统等组成的集运鱼系统体系。

根据《乌东德、白鹤滩水电站集运鱼系统全过程技术报告》，集鱼设施布置在电站尾水，在左右岸分别采用集鱼箱、固定式集鱼站的集鱼方式，提升系统和分拣装载系统布置在岸尾水平台，运输采用专用运鱼车，库区转运码头选址在海子尾巴，能够通过船舶将鱼类运输至库尾流水江段放流。

2019 年 2 月 26～27 日，生态环境部环境工程评估中心对总体设计报告进行了技术审查，原则上同意集运鱼系统方案总体设计，同意将环评阶段的集鱼船方案调整为左右岸发电尾水洞集鱼设施＋右岸固定式集鱼站方案，并要求开展进一步优化完善设计及运行方案。

根据环保总体设计报告审查意见要求，长江勘测规划设计研究有限责任公司针对性地补充了现场观测试验工作，结合相关行业专家咨询意见，对设计方案进行了进一步的优化设计，2019 年 6 月完成了《金沙江乌东德水电站集运鱼系统方案设计专题报告》。

2. 系统体系及组成

集鱼系统：集鱼系统主要由左岸尾水集鱼系统、右岸尾水集鱼系统和右岸固定式集鱼站三大部分组成。其中，左右岸尾水集鱼系统主要针对圆口铜鱼、长鳍吻鮈等流水性鱼类，右岸固定式集鱼站则可以兼顾鳉科鱼类、小型鲤科鱼类、鳅科、鲱科等不同流速适应性的鱼类。集鱼系统的布置见图 5.1。

图 5.1　集鱼系统平面布置图

提升系统：提升系统主要包括左岸尾水提升门机、右岸尾水提升门机（图 5.2）及右岸集鱼站提升桥机（图 5.3）等。尾水提升门机负责集鱼箱的下放和提升，并可以根据作

图 5.2　尾水提升门机

图 5.3　集鱼站提升桥机

业深度要求控制集鱼箱的下放深度。右岸集鱼站提升桥机可以将右岸集鱼站收集的鱼类提升至尾水平台，进行下一步的分拣和装载。

　　分拣装载系统：分拣装载系统位于尾水集鱼站内，由放鱼滑槽、暂养池（图 5.4）、分拣槽、分拣台、放归池、装载软管、补水设施、鱼类救护设施等组成。

图 5.4　暂养池

　　运输过坝系统：运输过坝系统主要包括运鱼箱、专用运鱼车、鱼类维生系统及过坝公路等，主要作用是通过公路系统将鱼类安全、健康地运输过坝。过坝运输线路的左岸运输线路全长 7.9 km，右岸运输线路全长约 6.0 km。运输线路图见图 5.5。

图 5.5　运输过坝系统线路布置图

　　码头转运系统：码头转运系统主要包括转运码头和装卸设施。根据现场条件，转运码头选址在坝上海子尾巴下游末端、营盘山上游侧，与乌东德库管码头结合建设，平面布置图见图 5.6。

　　运输放流系统：运输放流系统主要由运鱼放流船及放流辅助设施组成。一般情况下，运鱼箱在转运码头转入运鱼放流船后，船舶行驶至库区具有一定流速（平均流速＞0.2 m/s）的水域将鱼类放流至江中。同时，在运鱼车上也设置有专用放流管，可以在特殊情况下通过运鱼车将鱼类放流至库区适合水域。

　　监控系统：为了对整个集鱼、提升、分拣、装载、转运、运输、放流全过程各环节进行监控，集运鱼系统设置有视频监控、水下视频监控、在线水质监控、运鱼车定位跟踪系统、运鱼船定位跟踪系统及警报系统，能够对集运鱼各关键环节进行无死角监控，切实保障集运鱼的有效运行。

　　过鱼流程：使用门机通过轨道将尾水集鱼箱定位至适宜水深处，利用发电尾水进行诱鱼集鱼（右岸尾水集鱼系统、尾水集鱼箱），集鱼完成后，通过提升系统将集鱼箱提升至尾水平台，再通过门机将集鱼箱转移至分拣站，将收集的鱼类根据过鱼目的按照种类、规格进行分类，并转入暂养池中，最终驾驶专用运鱼车到分拣站下方，将鱼类装载到运鱼箱中，运鱼车将鱼类运输过坝。

图 5.6　码头转运系统平面布置示意图

图中数据代表此处平台的高程，单位为 m

5.3　白鹤滩水电站过鱼设施实施

5.3.1　环评批复意见及总体要求

乌东德、白鹤滩、溪洛渡和向家坝水电站通常实行联合生态调度，因此白鹤滩水电站的环评批复意见及总体要求与乌东德水电站一致，5.2.1 小节已有相关描述，此处不再重复赘述。

5.3.2　集运鱼系统设计方案

白鹤滩水电站是金沙江下游梯级电站开发的第二级，也是我国第三座千万千瓦级水电站，建成后将仅次于三峡水电站成为中国第二大水电站；白鹤滩工程的建设符合国家"西电东送"战略，并且满足了川江、长江中下游防洪的需要，同时具有拦沙、改善航运效益，带动地区经济发展的作用。

白鹤滩水电站指标特性如表 5.1 所示，白鹤滩水电站下游平面布置图如图 5.7 所示，最大坝高为 289 m，最大拱端厚度为 83.91 m，地下厂房装有 16 台机组，单机引用发电流量为 547.8 m^3/s，尾水系统为一个尾水洞布置 2 台机组的方式，左右岸分别对称布置 4 条尾水隧洞。

表 5.1　白鹤滩水电站指标特性

名称	指标	名称	指标
流域面积/万 km²	43.03	水库调节性能	年调节
占金沙江流域/%	91	库容系数/%	7.9
多年平均流量/（m³/s）	4 190	防洪库容/亿 m³	75
正常蓄水位/m	825	装机容量/MW	16 000
死水位/m	765	保证出力/MW	5 500
调节库容/亿 m³	104.36	发电量/(亿 kW·h)	625.21
死库容/亿 m³	85.7	完工时间	2022 年底

图 5.7　白鹤滩水电站下游平面布置图

白鹤滩水电站附近山体陡峭（高度均大于 3 000 m），存在泥石流、滑坡等许多地质灾害区，并且坝身采用混凝土双曲拱坝，没有修建仿自然旁通式鱼道、技术型鱼道以及鱼闸的基本地形条件；而集运鱼系统利用集鱼船与运鱼车进行机动工作，受地形地貌、工程布置和鱼类游泳能力等影响较小。因此，综合白鹤滩枢纽工程区地形条件、工程特性等因素，白鹤滩水电站过鱼设施采用集运鱼系统。

白鹤滩水电站过鱼设施初步设计考虑集运鱼系统（集鱼时间为 3～7 月），采用集鱼船集鱼，运鱼车＋运鱼船进行运鱼，白鹤滩集运鱼系统总体布置图如图 5.8 所示，其中集

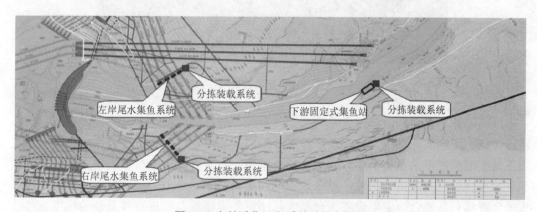

图 5.8　白鹤滩集运鱼系统总体布置图

图片来源于中国电建集团华东勘测设计研究院有限公司；图中模糊部分是具体工程施工相关参数，涉及保密故进行模糊处理，但不影响对整体布置的理解

诱鱼系统拥有左右岸尾水集鱼系统与下游固定式集鱼站等，左右岸尾水集鱼系统收集到的鱼类，统一运输至下游固定式集鱼站进行分拣、暂养、转运放流。

　　白鹤滩下游固定式集鱼站位于坝下交通桥站址附近右岸处，固定式集鱼站建设现场图和建成效果图如图 5.9 和图 5.10 所示。

图 5.9　建设现场图

图 5.10　建成效果图

　　白鹤滩集运鱼系统由集诱鱼系统、提升系统、分拣装载系统、运输过坝系统、码头转运系统、运输放流系统和监控系统等部分组成。其中，集诱鱼系统的作用是将聚集在坝下需要洄游过坝的鱼类诱集并收集至集鱼箱中，由左岸尾水集鱼系统、尾水口集鱼站和下游左岸固定式集鱼站组成；提升系统的作用是将装有鱼类的集鱼箱从底部提升至尾水平台或集鱼站平台，主要设备为台车式启闭机和卷扬机；分拣装载系统的作用是将收集的鱼类根据过鱼目的按照种类、规格进行分类，并将所需鱼类装载进入运鱼车，集中设置在下游右岸集鱼站，主要由放滑鱼槽、分拣池及暂养池组成；运输过坝系统的作用是通过专用车辆及船只将鱼类运输过坝并送达指定放流地点，主要设施为运鱼车、运鱼船；运输放流系统的作用是将鱼类放流至指定河段，主要为乌东德坝下约 40 km 的干流河段、黑水河鱼类栖息地保护河段，以及普渡河、小江、以礼河等支流汇入口河段；监控系统的作用主要是对所有集鱼、提升、分拣、装载、运输、放流等不同过程进行控制和监控，包括视频监控、水质在线监测、鱼类监测、运鱼车和运鱼船定位等，保证全过程的安全和有效。

左岸尾水集鱼系统主要针对圆口铜鱼、长鳍吻鮈等喜流水性鱼类设计，利用电站发电时鱼类对尾水的趋流性进行集鱼。尾水集鱼系统设置在左岸 4# 尾水隧洞检修闸门室内，主要由尾水集鱼箱、下放轨道、提升台车等组成。

尾水口集鱼站布置在左岸 1# 尾水出口顺水流左侧明渠处，镶嵌于左岸 1# 尾水出口边坡，上游面距尾水出口洞脸 3.3 m。集鱼站采用塔式结构，塔身长宽高尺寸为 8.5 m×6.5 m×58.2 m，塔背与明渠边坡及贴坡混凝土相接，底高程为 572 m，顶高程为 630.2 m。

下游固定式集鱼站布置在泄洪洞出口 3# 挑流鼻坎上游约 140 m 的左岸边坡处，采用塔式结构，塔顶设卷扬机房及提升卷扬系统。集鱼站顶部 632 m 平台布置综合管理房，利用集鱼站交通洞对外交通。右岸固定卷扬机房布置在集鱼站斜对岸，位于 604# 公路出口，卷扬机房采用框架结构。两岸卷扬机房拉设拦鱼网墙辅助集鱼。

5.4　坝下水动力学条件分析

5.4.1　流场数值模拟方法

1. 水动力学控制方程

本研究控制方程包括连续方程和动量方程，以 $k\text{-}\varepsilon$ 紊流模型求解控制方程，采用 VOF（volume of fluid，流体体积）方法进行自由液面追踪。

连续方程：

$$V_F \frac{\partial \rho}{\partial t} + \frac{\partial}{\partial x}(\rho u A_x h) + \frac{\partial}{\partial y}(\rho v A_y h) + \frac{\partial}{\partial z}(\rho w A_z h) = R_{\mathrm{DIF}} + R_{\mathrm{SOR}} \tag{5.1}$$

动量方程：

$$\frac{\partial u}{\partial t} + \frac{1}{V_F}\left(uhA_x\frac{\partial u}{\partial x} + vhA_y\frac{\partial u}{\partial y} + whA_z\frac{\partial u}{\partial z}\right) - \xi\frac{hA_y v^2}{xV_F} = -\frac{1}{\rho}\frac{\partial p}{\partial x} + G_x + f_x - b_x \\ - \frac{R_{\mathrm{SOR}}}{\rho V_F}(u - u_w - \delta u_s) \tag{5.2}$$

$$\frac{\partial v}{\partial t} + \frac{1}{V_F}\left(uhA_x\frac{\partial v}{\partial x} + vhA_y\frac{\partial v}{\partial y} + whA_z\frac{\partial v}{\partial z}\right) - \xi\frac{hA_y uv}{xV_F} = -\frac{1}{\rho}R\frac{\partial p}{\partial x} + G_y + f_y - b_y \\ - \frac{R_{\mathrm{SOR}}}{\rho V_F}(v - v_w - \delta v_s) \tag{5.3}$$

$$\frac{\partial w}{\partial t}+\frac{1}{V_F}\left(uhA_x\frac{\partial w}{\partial x}+vhA_y\frac{\partial w}{\partial y}+whA_z\frac{\partial w}{\partial z}\right)=-\frac{1}{\rho}\frac{\partial p}{\partial x}+G_z+f_z-b_z$$
$$-\frac{R_{SOR}}{\rho V_F}(w-w_w-\delta w_s) \tag{5.4}$$

式中，u、v、w 为各方向速度（m/s）；p 为压强（Pa）；ρ 为流体密度（kg/m³）；V_F 为网格内可供流体流动的区域的体积分数；A_x、A_y、A_z 为流体通过各个方向对应的面积分数；h 为水深（m）；R_{DIF} 为流体质量的紊动扩散项，满足式（5.1）；R_{SOR} 为流体的质量源项；μ 为有效动力黏度（kg/（m·s）），$\mu=\rho(v+v_t)$ 表示紊动黏性系数，v 为分子黏性系数（m²/s）；G_x、G_y、G_z 为体积力加速度（m/s²）；f_x、f_y、f_z 为黏滞力加速度（m/s²）。b_x、b_y、b_z 分别为 x、y、z 方向上的流动损失；u_s、v_s、w_s 分别为流体在源表面各方向上的相对速度分量；u_w、v_w、w_w 分别为给定源在各方向上的速度分量；R 为坐标转换系数，此处取值为 1

$$\rho V_F f_x=-\left(\frac{\partial(hA_x\tau_{xx})}{\partial x}+\frac{\partial(hA_y\tau_{xy})}{\partial y}+\frac{\partial(hA_z\tau_{xz})}{\partial z}\right)$$
$$\rho V_F f_y=-\left(\frac{\partial(hA_x\tau_{xy})}{\partial x}+\frac{\partial(hA_y\tau_{yy})}{\partial y}+\frac{\partial(hA_z\tau_{yz})}{\partial z}\right) \tag{5.5}$$
$$\rho V_F f_z=-\left(\frac{\partial(hA_x\tau_{xz})}{\partial x}+\frac{\partial(hA_y\tau_{yz})}{\partial y}+\frac{\partial(hA_z\tau_{zz})}{\partial z}\right)$$

$$\tau_{xx}=-2\mu\left(\frac{\partial u}{\partial x}-\frac{1}{3}\left(\frac{\partial u}{\partial x}+\frac{\partial v}{\partial y}+\frac{\partial w}{\partial z}\right)\right)$$
$$\tau_{yy}=-2\mu\left(\frac{\partial v}{\partial y}-\frac{1}{3}\left(\frac{\partial u}{\partial x}+\frac{\partial v}{\partial y}+\frac{\partial w}{\partial z}\right)\right) \tag{5.6}$$
$$\tau_{zz}=-2\mu\left(\frac{\partial w}{\partial z}-\frac{1}{3}\left(\frac{\partial u}{\partial x}+\frac{\partial v}{\partial y}+\frac{\partial w}{\partial z}\right)\right)$$

$$\tau_{xy}=\tau_{yx}=-\mu\left(\frac{\partial u}{\partial y}+\frac{\partial v}{\partial x}\right)$$
$$\tau_{xz}=\tau_{zx}=-\mu\left(\frac{\partial u}{\partial z}+\frac{\partial w}{\partial x}\right) \tag{5.7}$$
$$\tau_{yz}=\tau_{zy}=-\mu\left(\frac{\partial v}{\partial z}+\frac{\partial w}{\partial y}\right)$$

2. 乌东德水电站数字模型构建

乌东德水电站模拟区域平面布置图如图 5.11 所示。本书数值模拟的研究区域覆盖了乌东德水电站集运鱼设施及坝下的大部分范围，足够长的模拟距离能够更好更真实地反映出河道流场分布情况。本研究将生境适宜性评价方法应用在相对小尺度、高精度范围，探究不同运行场景下坝下水力生境条件分布，找到机组运行对鱼类洄游集群的影响机制。

在选择边界时还需考虑网格尺度、计算机处理能力等因素。综上，本研究选择河道横向模拟范围为拱坝上游 624 m～下游 2 226 m 处，横向模拟宽度为 2 850 m，河道纵向模拟范围为拱坝左岸方向 1 065 m～右岸 314 m 处，纵向模拟宽度为 1 379 m。

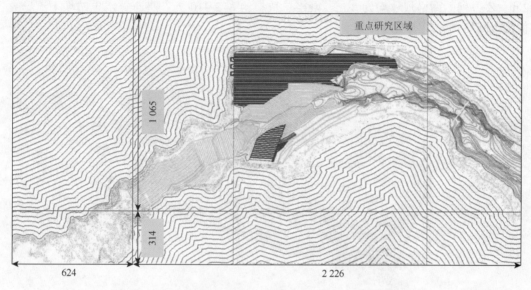

图 5.11　乌东德水电站模拟区域平面布置图（单位：m）

乌东德水电站枢纽三维模型如图 5.12 所示，河道地形数据根据计算机辅助设计（computer aided design，CAD）地形图文件制作成数字地形，结合三维水工建筑建模作为计算的几何模型，其中地形图中河道等高线间距为 1 m。本次数值模拟研究的三维模型原

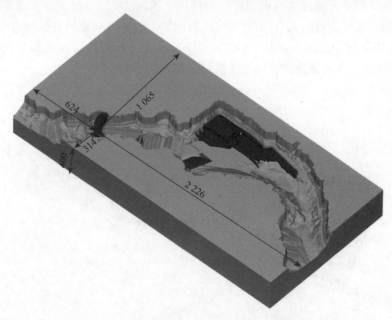

图 5.12　乌东德水电站枢纽三维模型（单位：m）

点位于右岸拱坝坝肩，沿下游方向为 X 正向，从原点垂直指向左岸的方向为 Y 正向。模型在 X 方向的范围为$-624\sim2\,226$ m，在 Y 方向的范围为$-314\sim1\,065$ m，在 Z 方向的高程范围为$600\sim1\,000$ m。本次模拟采用六面体结构化网格，在 X、Y 方向，网格尺寸均为 2 m；Z 方向的网格尺寸均为 1 m。网格总数量约为 2 310 万，乌东德水电站坝下流场数值模拟网格划分如图 5.13 所示。

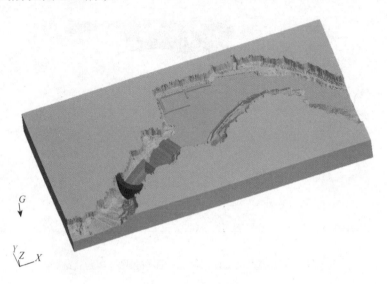

图 5.13　乌东德水电站坝下流场数值模拟网格划分

3. 白鹤滩水电站数字模型构建

本次数值模拟研究坐标系与模型试验坐标系一致，原点位于模型最上游靠近左岸处，从原点垂直指向右岸的方向为 Y 正向。建模范围如下：X 方向建模范围为 $0\sim2\,299$ m，共 2 299 m，Y 方向建模范围为$-433\sim340$ m，共 773 m，Z 方向模拟高程范围为$540\sim600$ m，共 60 m。白鹤滩坝下流场数值模拟三维模型见图 5.14。

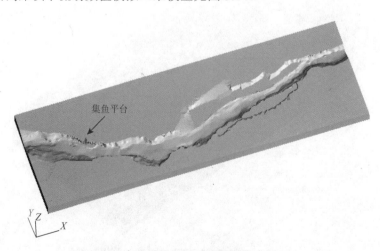

图 5.14　白鹤滩坝下流场数值模拟三维模型

本次反演采用六面体的结构化网格，由于模拟范围较大，为减少网格数量、提高计算效率，采用渐变网格进行局部加密。因为集鱼平台下游和周围是重点研究区域，所以对集鱼平台上下游进行了加密处理。因此，本次模拟将采用两部分网格，上半部分网格用于最上游到集鱼平台上游 50 m 处，其 X 方向的范围为 $-10 \sim -1\,850$ m，下半部分网格用于集鱼平台上游 50 m 到最下游边界，其 X 方向的范围为 $-1\,850 \sim -2\,298$ m。整套网格数量总数为 641 万。白鹤滩水电站坝下流场数值模拟网格划分如图 5.15 所示。

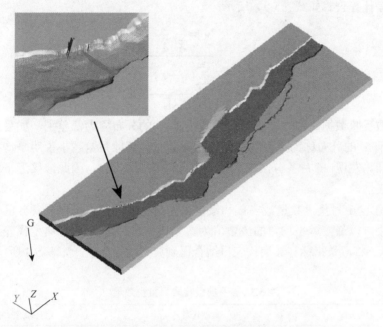

图 5.15　白鹤滩水电站坝下流场数值模拟网格划分

5.4.2　乌东德水电站典型运行场景下坝下流场

1. 典型运行场景选取

结合乌东德水电站集运鱼系统试运行期间的监测资料分析，2021 年 6 月集鱼总数为 4 345 条。全机组流量与集鱼效果相关分析结果如表 5.2 所示。

表 5.2　全机组流量与集鱼效果相关分析结果

流量指标	24 h 平均流量	24 h 波峰流量	24 h 波谷流量	10 h 平均流量	10 h 波峰流量	10 h 波谷流量
相关系数	0.601 3**	0.603**	0.202 2	0.608 9**	0.559	0.447*

注：*表示 sig 双尾小于 0.05；**表示 sig 双尾小于 0.01；sig 意为显著性，此处为显著性检验结果的说明。

根据相关分析结果可以得到，6 月集鱼数量与集运鱼站运行期间 10 h 平均流量相关性最高，相关系数为 0.608 9，处于强相关，双尾显著性检验小于 0.01。集鱼总数为 4 345条，日均集鱼约 155 条。6 月中集鱼效果最差为 6 月 3 日，集鱼数量为 0 条。集鱼效果最好为 6 月 30 日，集鱼数量为 1 247 条。对集鱼效果进行分区，分为三个区，Ⅰ区（集鱼数量<100 条）：集鱼效果相对差；Ⅱ区（集鱼数量为 100~500 条）：集鱼效果一般；Ⅲ区（集鱼数量大于 500 条）：集鱼效果相对优。

在集鱼效果分区的基础上选择典型代表日。为了选取各分区内最具有代表性的典型日，首先对分区后的流量数据进行离散程度分析。离散程度分析采用离散系数描述，离散系数（v_s）计算方法为标准差（s）与平均数（$\bar{x}$）的比值，离散系数计算公式如式（5.8）所示，标准差计算公式如式（5.9）所示：

$$v_s = \frac{s}{\bar{x}} \tag{5.8}$$

$$s = \sqrt{\frac{\sum_{i=1}^{n}(x_1 - \bar{x})^2}{n-1}} \tag{5.9}$$

离散系数反映数据离散程度。离散系数小于 1 的分布称为低差别，如爱尔朗分布；离散系数大于 1 的分布称为高差别，如超指数分布。离散系数越小说明平均指标代表性越好。经过计算发现，6 月各分区流量数据离散系数均小于 1，因此最接近平均数的流量值最具有代表性。

首先，确定 6 月集鱼数量最多日和最少日为典型代表日，再根据各分区数据离散程度分析的结果，以最接近平均数的流量值为典型代表日，得到 6 月典型代表日集鱼效果如表 5.3 所示。将流量指标与典型代表日结合得到典型运行场景，如表 5.4 所示。

表 5.3　6 月典型代表日集鱼效果

集鱼效果/分区	典型代表日	集鱼数量/条
集鱼数量最少	6 月 3 日	0
集鱼数量最多	6 月 30 日	1 247
Ⅰ区	6 月 12 日	30
Ⅱ区	6 月 18 日	106
Ⅲ区	6 月 26 日	974

表 5.4　乌东德坝下数值模拟典型运行场景

编号	集鱼效果/分区	典型代表日	集鱼数量/条	下泄流量/(m³/s)	水位/m
运行场景 1	集鱼数量最少	6 月 3 日	0	2 665.07	819.26
运行场景 2	集鱼数量最多	6 月 30 日	1 247	5 941.70	824.51
运行场景 3	Ⅰ区	6 月 12 日	30	3 480.93	820.57

2. 运行场景 1：下泄流量为 2 665.07 m³/s

运行场景 1 的下泄流量为 2 665.07 m³/s，下游控制水位为 819.26 m，运行场景 1 数值模拟三维流场结果如图 5.16 所示，运行场景 1 数值模拟流速矢量平面结果如图 5.17 所示。

由图可知，河道主流受地形约束，左岸尾水洞出水顺河道流向下游，右岸尾水洞出水先沿河道横向流出，随后顺地势转向流向下游。主流整体平顺，基本处于河道中间，在 $X=2\,200$ m 附近河道转向，主流靠向左岸。运行场景 1 主流流速为 $1\sim3.5$ m/s，最大流速约为 4.5 m/s，最大流速出现在 $X=1\,850$ m 及 $X=2\,800$ m 研究区域末端附近。在集运鱼站附近即 $X=1\,300$ m 处，流速为 $0.5\sim1.5$ m/s。靠近尾水洞 $X=1\,250\sim1\,750$ m 区域内存在大范围的低流速及低流速回流区，其横向宽度为 $120\sim280$ m。随着下游河道束窄，过流断面减小，下游主流流速增大，$X=1\,800$ m 之后低流速区仅存在于河道两侧，横向宽度为 $5\sim45$ m。

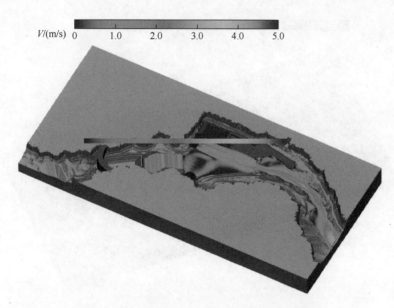

图 5.16　运行场景 1 数值模拟三维流场结果图

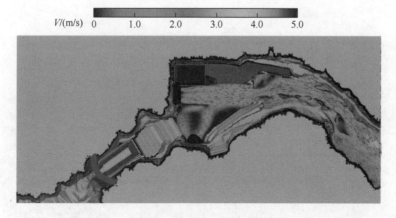

图 5.17　运行场景 1 数值模拟流速矢量平面结果图

3. 运行场景 2：下泄流量为 5 941.7 m³/s

运行场景 2 的下泄流量为 5 941.7 m³/s，下游控制水位为 824.51 m，运行场景 2 数值模拟三维流场结果如图 5.18 所示，运行场景 2 数值模拟流速矢量平面结果如图 5.19 所示。由图可知，河道主流受地形约束，左岸尾水洞出水顺河道流向下游，右岸尾水洞出水先沿河道横向流出，随后顺地势转向流向下游。主流整体平顺，基本处于河道中间，在 $X = 2\,200$ m 附近河道转向，主流靠向左岸。运行场景 2 主流流速为 $1\sim3.5$ m/s，最大流速约为 4.7 m/s，最大流速出现在 $X = 1\,850$ m 及 $X = 2\,800$ m 研究区域末端附近。在集运

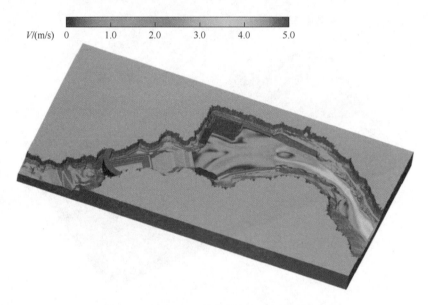

图 5.18　运行场景 2 数值模拟三维流场结果图

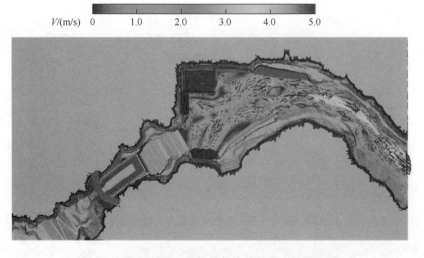

图 5.19　运行场景 2 数值模拟流速矢量平面结果图

鱼站附近即 $X = 1\,300\,\text{m}$ 处，流速为 $0.8 \sim 1.6\,\text{m/s}$。靠近尾水洞 $X = 1\,250 \sim 2\,000\,\text{m}$ 区域内存在大范围的低流速及低流速回流区，其横向宽度为 $80 \sim 180\,\text{m}$。随着下游河道束窄，过流断面减小，下游主流流速增大，$X = 2\,050\,\text{m}$ 之后低流速区仅存在于河道两侧，横向宽度为 $5 \sim 30\,\text{m}$。

4. 运行场景 3：下泄流量为 $3\,480.93\,\text{m}^3/\text{s}$

运行场景 3 的下泄流量为 $3\,480.93\,\text{m}^3/\text{s}$，下游控制水位为 $820.57\,\text{m}$，运行场景 3 数值模拟三维流场结果如图 5.20 所示，运行场景 3 数值模拟流速矢量平面结果如图 5.21 所示。

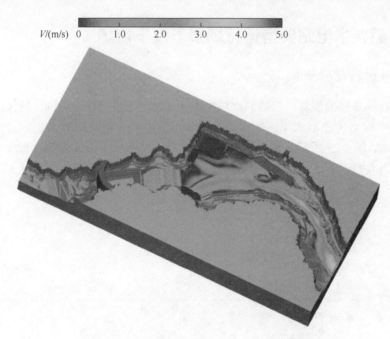

图 5.20　运行场景 3 数值模拟三维流场结果图

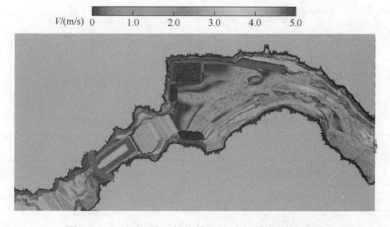

图 5.21　运行场景 3 数值模拟流速矢量平面结果图

由图可知，河道主流受地形约束，左岸尾水洞出水顺河道流向下游，右岸尾水洞出水先沿河道横向流出，随后顺地势转向流向下游。主流整体平顺，基本处于河道中间，在 $X=2\ 200\ \text{m}$ 附近河道转向，主流靠向左岸。运行场景 3 主流流速为 $1.2\sim3.5\ \text{m/s}$，最大流速约为 $4.5\ \text{m/s}$，最大流速出现在 $X=1\ 850\ \text{m}$ 及 $X=2\ 800\ \text{m}$ 研究区域末端附近。在集运鱼站附近即 $X=1\ 300\ \text{m}$ 处，流速为 $0.2\sim1.2\ \text{m/s}$。靠近尾水洞 $X=1\ 250\sim1\ 760\ \text{m}$ 区域内存在大范围的低流速及低流速回流区，其横向宽度为 $120\sim240\ \text{m}$。随着下游河道束窄，过流断面减小，下游主流流速增大，$X=1\ 800\ \text{m}$ 之后低流速区仅存在于河道两侧，横向宽度为 $5\sim45\ \text{m}$。

5.4.3 白鹤滩水电站典型运行场景下坝下流场

1. 典型运行场景选取

根据目前所掌握的资料，白鹤滩水电站最小生态流量为 $1\ 260\ \text{m}^3/\text{s}$，最大满发流量为 $8\ 763\ \text{m}^3/\text{s}$；并综合考虑丰水年、平水年、枯水年三个代表年白鹤滩水电站过鱼季节的下泄流量变化，如图 5.22 所示，其中丰水年、平水年、枯水年下泄流量为 $3\ 000\sim5\ 500\ \text{m}^3/\text{s}$ 的概率分别为 0.73、0.73、0.87，因此拟定数值模拟典型运行场景，见表 5.5。

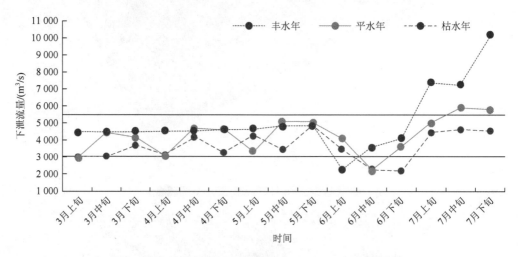

图 5.22 白鹤滩水电站过鱼季节（3～7 月）下泄流量变化

表 5.5 白鹤滩水电站坝下数值模拟典型运行场景

编号	运行机组	下泄流量/(m³/s)	水位/m
运行场景 1	4 台机组最小流量	1 260	582
运行场景 2	6 台机组满发	3 286	586.24
运行场景 3	10 台机组满发	5 478	589.83

2. 运行场景 1：下泄流量为 1 260 m³/s

运行场景 1 的下泄流量为 1 260 m³/s，下游控制水位为 582 m，4 台机组最小流量运行。运行场景 1 下游流场 1 m 水深数值模拟流速等值线图见图 5.23。由图可知，主流整体平顺，基本处于河道中间。运行场景 1 主流流速为 2～6 m/s，最大流速约为 7.5 m/s，最大流速出现在 $X=-700$ m 附近。在 $X=-1\,900$ m 集鱼平台处，流速为 0.5～1 m/s，横向宽度为 5～20 m。$X=-2\,000$ m 集鱼平台下游主流流速为 2～4 m/s；整个研究河道左右岸边缘均存在流速小于 1 m/s 的区域，横向宽度为 5～45 m。在 $X=-750$ m 附近，随着下游河道束窄，过流断面减小，下游主流流速增大。整个研究河道左右岸边缘均存在流速小于 1 m/s 的区域，横向宽度为 5～45 m。

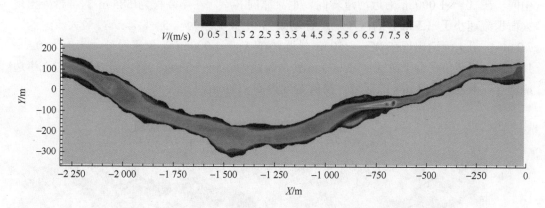

图 5.23　运行场景 1 下游流场 1 m 水深数值模拟流速等值线图

3. 运行场景 2：下泄流量为 3 286 m³/s

运行场景 2 的下泄流量为 3 286 m³/s，下游控制水位为 586.24 m，6 台机组满发运行。运行场景 2 下游流场 1 m 水深数值模拟流速等值线图见图 5.24。由图可知，主流整体平

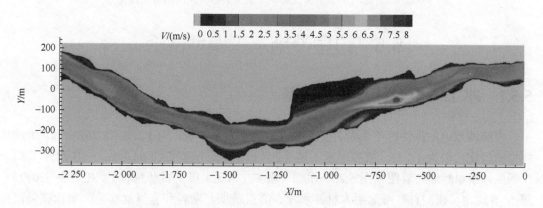

图 5.24　运行场景 2 下游流场 1 m 水深数值模拟流速等值线图

顺,基本处于河道中间,在 $X = -1\,000$ m 附近河道转向,主流靠向右岸,左岸高程为 585 m 的平台处出现大面积流速小于 1.5 m/s 的区域。运行场景 2 主流流速为 2.5～5.4 m/s, 最大流速约为 7.5 m/s,最大流速出现在 $X = -650$ m 附近。在 $X = -1\,900$ m 集鱼平台处,流速为 0.5～1.5 m/s,横向宽度为 5～10 m。集运鱼平台下游 $X = -2\,000$ m 处,流速为 0.5～4.5 m/s;整个研究河道左右岸边缘均存在流速小于 1 m/s 的区域,横向宽度为 5～100 m。

4. 运行场景 3:下泄流量为 5 478 m³/s

运行场景 3 的下泄流量为 5 478 m³/s,下游控制水位为 589.83 m,运行场景 3 下游流场 1 m 水深数值模拟流速等值线图见图 5.25。由图可知,主流整体平顺,基本处于河道中间,在 $X = -1\,000$ m 附近河道转向,主流靠向右岸,左岸高程为 585 m 的平台处出现大面积流速小于 1.5 m/s 的区域。运行场景 3 主流流速为 2.5～6.1 m/s,最大流速约为 7.2 m/s,最大流速出现在 $X = -350$ m 附近。在 $X = -1\,900$ m 集鱼平台处,流速为 0.5～1.5 m/s。集运鱼平台下游 $X = -2\,000$ m 处,流速为 0.5～5.5 m/s;整个研究河道左右岸边缘均存在流速小于 1 m/s 的区域,横向宽度为 5～110 m。

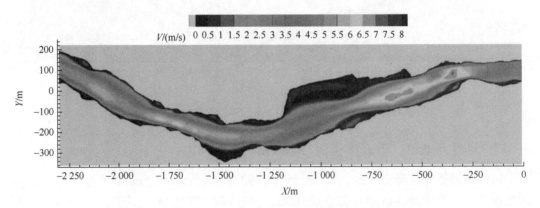

图 5.25　运行场景 3 下游流场 1 m 水深数值模拟流速等值线图

5.5　过鱼设施水工模型试验

5.5.1　水工模型设计及量测设备

白鹤滩水电站泄洪时不集鱼,仅考虑电站正常发电流量,为 1 260～8 765 m³/s,本次模拟模型比尺取为 1:36,模拟尾水下游 2 294 m 区域,模型长约 63.7 m,一共设置了 64 个断面。模型断面布置图见图 5.26。根据《水工(常见)模型试验规程》(SL 155—2012)第 6 节规定,模型材料可选用木材、水泥、有机玻璃、塑料和金属材料等。本次试验河道地形采用水泥。模型安装应用经纬仪、水准仪或全站仪等控制,同时模型精度按如下要求控制:

（1）平面导线布置应根据模型形状和范围确定，导线方位允许偏差为±0.1°；

（2）水准基点和测针零点允许误差为±0.3 mm；

（3）建筑物模型高程允许误差为±0.3 mm，地形高程允许误差为±2 mm，平面距离允许误差为±10 mm。

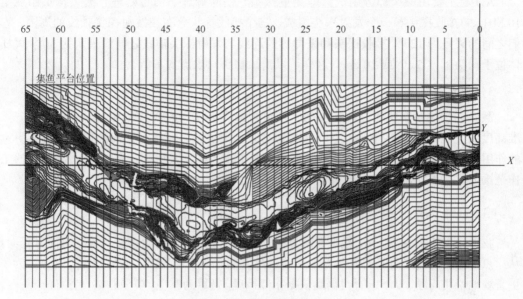

图 5.26　模型断面布置图

图中数据为断面编号

1. 集鱼平台局部模型设计

考虑到对流场的影响，因此实际物理模型模拟了 600 m 以下的结构。

2. 测量设备

1）水位及流量调节

根据《水工（常规）模型试验规程》（SL 155—2012）第 8 节内容，当流量量程 Q 小于 30L/s 时选择直角三角堰，当流量量程大于 30L/s 时选用矩形堰。结合本次试验的实际情况，采用矩形薄壁堰作为量水工具，以控制薄壁堰水位来控制尾水隧洞下泄流量。矩形薄壁堰的流量量程 Q 按式（5.10）计算：

$$Q = m_0 B \sqrt{2g} H^{\frac{3}{2}} \tag{5.10}$$

式中，m_0 为包括行进流速影响的流量系数，按经验公式（5.11）计算；H 为堰顶水头；B 为堰上游引渠宽。

$$m_0 = 0.4032 + 0.0534 \frac{H}{P} + \frac{1}{1610H - 4.5} \tag{5.11}$$

式中，P 为上游堰高。

2）ADV（小威龙）

测试过程中采用 ADV，它能直接测量三维流速，具有对水流干扰小、测量精度高、无需率定、操作简便、流速资料后处理功能强等特点，其测量精度为±5%。

ADV 主要由三个部分组成，即测量探头、信号调理、信号处理。测量探头由三个 10 MHz 的接收探头和一个发射探头组成，三个接收探头分布在发射探头轴线的周围，它们之间的夹角为120°，接收探头和采样体的连线与发射探头轴线之间的夹角为30°，采样体位于探头下方 5 cm 或 10 cm，这样可以消除探头对水流的干扰。

3）激光扫平仪

激光扫平仪是在快速旋转轴带动下使可视激光点（一般有红光和绿光）扫出同一水准高度的光线，便于工程人员定位水准高度的一种仪器。它具有更高的扫平精度和更远的作用距离，而且使用起来更方便、更灵活，工作效率大大提高。在 250 m×250 m 的工作范围内，平整精度优于±25 mm。

3. 试验工况设置

物理模型比尺为 1∶36，模型坐标原点在基线原点。试验坐标系沿上游方向为 X 正向，从原点垂直指向右岸边壁的方向为 Y 正向，角度顺时针规定为正，逆时针规定为负。为了更直观地说明问题，以下所有数据均依据相似原理，换算为原型。模型总共设置64个断面，Y 轴为断面 0，依次向下游方向 36 m 设置一个断面，断面与 Y 方向基线平行，试验选取 34～60 断面进行测量。

根据目前所掌握的资料，综合考虑平水年白鹤滩拟运行条件下在过鱼季节（3～7月）的下泄流量、生态流量要求的影响，拟定物理模型试验运行场景。考虑生态流量，采用机组最小流量发电，下泄流量为 1 260 m³/s；考虑 6 台机组满发的情况，下泄流量为 3 286 m³/s；考虑 12 台机组满发的情况，下泄流量为 5 478 m³/s。确定物理模型试验运行场景，如表 5.6 所示。

表 5.6 物理模型试验运行场景设置表

编号	下泄流量/(m³/s)	白鹤滩水位控制/m	运行机组
运行场景 1	1 260	582	2#、3#、6#、7#最小流量
运行场景 2	3 286	586.24	6 台机组满发
运行场景 3	5 478	589.83	12 台机组满发

4. 相似率及不确定分析

结合本次试验的实际情况，选择矩形薄壁堰来控制水位流量的关系，流量误差小于±1%。流速测量根据《水工（常规）模型试验规程》（SL 155—2012）第 8 节内容，毕托管是测量恒定流时均点流速的最佳常规仪器，采用南京水利科学研究院研制的直径 2.5 mm 微型毕托管，每个测次，应重复测读 2～3 次，取其稳定值或平均值；比压计水头差测读精度应控制在 3 mm 以内，当雷诺数 $Re = 3\ 300 \sim 360\ 000$ 时，误差为 1%～2%。

根据试验情况，并参考《水利水电工程鱼道设计导则》（SL 609—2013），在鱼道式集鱼系统模型试验中，流速采用微型旋桨式流速仪测定，并用毕托管进行流速校核；第一测点记录值不少于 4～5 次，每次采集时间不少于 5～10 s。

5.5.2　试验结果

1∶36 的物理模型运行场景设置，一共设置了 3 种运行场景，如表 5.6 所示。

1. 运行场景 1：下泄流量为 1 260 m³/s

运行场景 1：考虑生态流量，采用机组最小流量发电，2#、3#、6#、7#机组最小流量发电，下泄流量为 1 260 m³/s，下游控制水位为 582 m。利用流场测量系统测得的流速结果如图 5.27 和图 5.28 所示。该运行场景集鱼平台附近主流偏向左岸，集鱼平台进口附近 $X = -1\ 780 \sim -1\ 960$ m 存在低流速区和部分回流区，其流速范围为 0～1.5 m/s，靠近右岸岸边横向宽度为 5～20 m。断面平均主流流速为 2～6.6 m/s，主流流速最大约为 6.6 m/s，出现以基点为原点的下游 $X = -2\ 088$ m 附近；$X = -2\ 000$ m 集鱼平台下游附近最大流速为 4 m/s 左右。

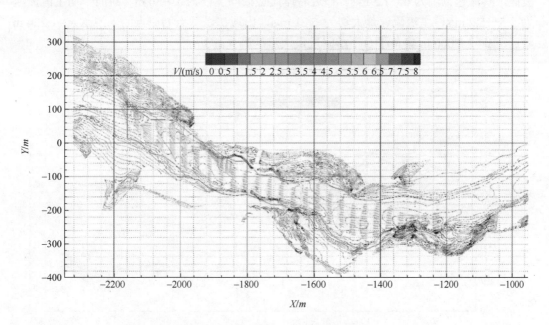

图 5.27　运行场景 1 流速实测矢量图

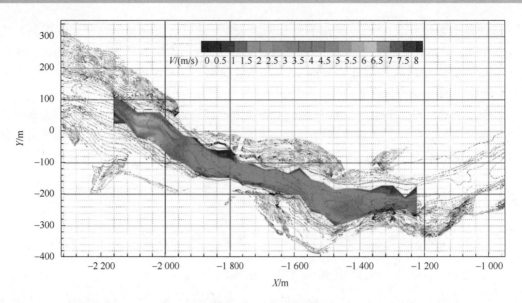

图 5.28　运行场景 1 流速实测等值线图

2. 运行场景 2：下泄流量为 3 286 m³/s

运行场景 2：6 台机组满发的情况，流量为 3 286 m³/s，下游控制水位为 586.24 m。试验时室内利用流场测量系统测得的流速结果如图 5.29 和图 5.30 所示，该运行场景集鱼平台附近主流偏向左岸，集鱼平台进口附近 $X = -1\,750 \sim -1\,980$ m 存在低流速区和部分回流区，其流速范围为 $0 \sim 1.5$ m/s，靠近右岸岸边横向宽度为 $5 \sim 30$ m。断面平均主流流速为 $1.5 \sim 5.2$ m/s，主流流速最大约为 5.21 m/s，出现在以基点为原点的下游 $X = -1\,224$ m 附近；$X = -2\,000$ m 集鱼平台下游附近最大流速为 4 m/s 左右。

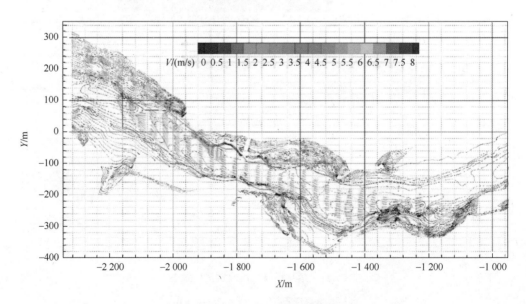

图 5.29　运行场景 2 流速实测矢量图

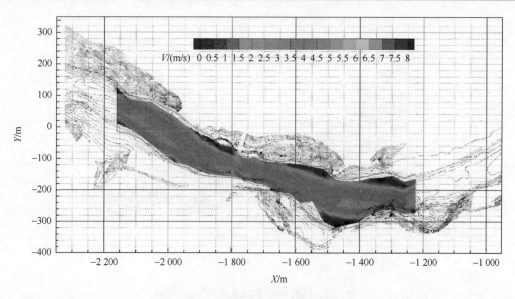

图 5.30　运行场景 2 流速实测等值线图

3. 运行场景 3：下泄流量为 5 478 m³/s

运行场景 3：12 台机组满发的情况，流量为 5 478 m³/s，下游控制水位为 589.83 m。试验时室内利用流场测量系统测得的流速结果如图 5.31 和图 5.32 所示。该运行场景集鱼平台附近主流偏向左岸，集鱼平台进口附近 $X = -1\,970 \sim -1\,780$ m 存在低流速区和部分回流区，其流速范围为 $0 \sim 1.5$ m/s，靠近右岸岸边横向宽度为 $5 \sim 40$ m。断面平均主流流速为 $2.5 \sim 4.9$ m/s，主流流速最大约为 4.97 m/s，出现在以基点为原点的下游 $X = -1\,764$ m 附近；$X = -2\,000$ m 集鱼平台下游附近最大流速为 4.8 m/s 左右。

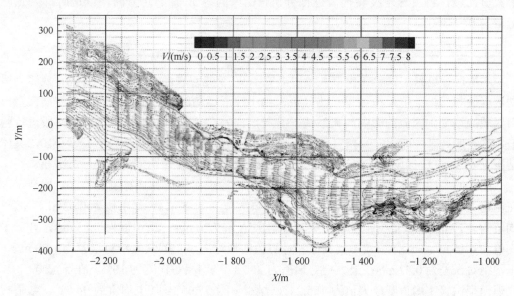

图 5.31　运行场景 3 流速实测矢量图

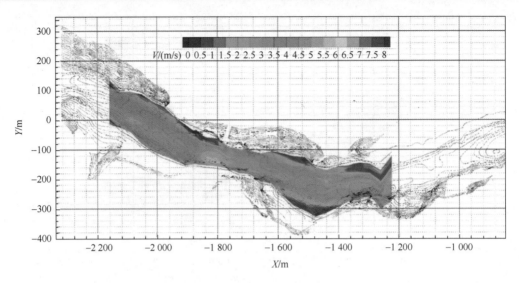

图 5.32　运行场景 3 流速实测等值线图

5.5.3　与数值模拟结果对比

为了说明数值模拟结果的合理性，本节将两种试验运行场景下的天星流场测量结果和数值模拟结果进行对比验证。由于天星系统测量的是二维表面流速，断面流速分布中表面流速最大，流速梯度受粗糙面影响底部区域最大，流速变化其余各层均较小。因此，本节利用两个试验运行场景表面流速测量结果与三维数值模拟结果对比分析，以充分验证在不同流量和水位条件下的数值模拟结果的合理性。本节利用流速结果进行验证，包括大小与方向。其中流速方向数值以流速矢量与模型纵向夹角表示，为便于数值比较，将流速角度转换后进行分析，0°方向为 X 轴的正方向，以逆时针为正，范围为 0°～360°。

1. 运行场景 1 流速验证结果（下泄流量为 1 260 m³/s）

本次运行场景 1 试验在模拟区域内提取了 90 个测点表面二维流速的数据，换算为原型数据后与三维数值模拟结果对比分析，由于粒子运动的随机性，且考虑到物理模型出口区域流场受到回流的影响与天然情况有一定误差，选取尾水出口下游部分河段进行验证，测点所处区域即 $X=941\sim1\,421$ m、$Y=154\sim208$ m，依次编号为 8-1～16-10，具体结果见表 5.7。运行场景 1 流速实测矢量结果见图 5.33，流速范围为 0.03～7.26 m/s。

图 5.33～图 5.38 给出了运行场景 1 试验表面流速实测值和计算值的验证对比情况。在流速大小上，物理模型试验实测结果流速最大值为 8.15 m/s，最小值为 0.02 m/s，其平均值为 4.17 m/s。数值模拟计算结果流速最大值为 7.26 m/s；最小值为 0.03 m/s，计算平均值为 4.15 m/s。运行场景 1 实测值和计算值在流速大小上的最大绝对误差为 1.20 m/s，平均绝对误差为 0.42 m/s；最大相对误差为 20%，平均相对误差为 10%。在流速方向上，物理模型试验实测角度最大值为 155.24°，最小值为 57.65°，其平均值为 94.91°。数值模拟计算结果角度最大值为 178.52°，最小值为 51.30°，其平均值为 94.67°。物理模型试验

实测值和计算值在流速方向上的最大绝对误差为 29.64°，平均绝对误差为 12.70°，最大相对误差为 43%，平均相对误差为 14%。

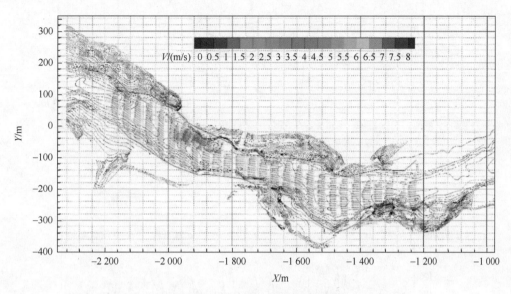

图 5.33　运行场景 1 流速实测矢量图

表 5.7　运行场景 1 试验表面流速误差分析表

项目		最大值	最小值	平均值	最大绝对误差	平均绝对误差	最大相对误差/%	平均相对误差/%
流速大小/(m/s)	实测值	8.15	0.02	4.17	1.20	0.42	20	10
	计算值	7.26	0.03	4.15				
流速方向/(°)	实测值	155.24	57.65	94.91	29.64	12.70	43	14
	计算值	178.52	51.30	94.67				

注：误差分析结果是根据物理模型试验数据与数值模拟对应点的数据计算得来的，原始数据太大，故表中只给出了最大值、最小值以及平均值，误差分析无误。

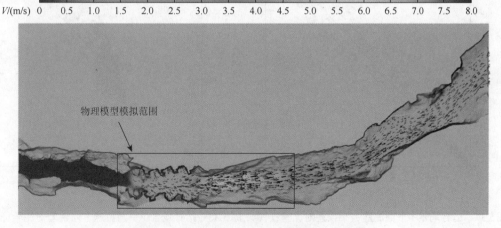

图 5.34　运行场景 1 平面数值模拟流速矢量图

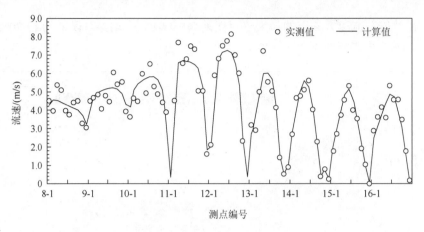

图 5.35　运行场景 1 平面流速大小对比验证图

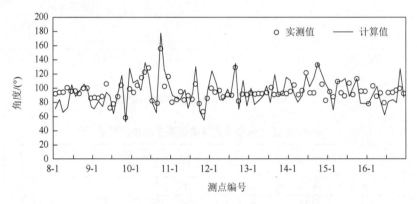

图 5.36　运行场景 1 平面流速方向对比验证图

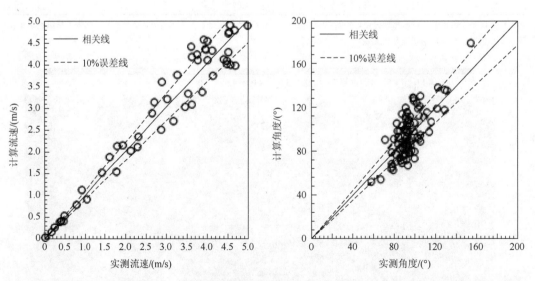

图 5.37　运行场景 1 平面流速大小误差对比验证图　　图 5.38　运行场景 1 平面流速方向误差对比验证图

2. 运行场景 2 流速验证结果（下泄流量为 3 286 m³/s）

本次运行场景 2 试验在模拟区域内提取了 90 个测点表面二维流速的数据，换算为原型数据后与三维数值模拟结果对比分析，由于粒子运动的随机性，且考虑到物理模型出口区域流场受到回流的影响与天然情况有一定误差，选取尾水出口下游部分河段进行验证，测点所处区域即 $X = 941 \sim 1\,421$ m、$Y = 154 \sim 208$ m，依次编号为 8-1～16-10，具体结果见表 5.8。运行场景 2 试验表面流速平面数值模拟流速矢量结果见图 5.39，流速范围为 0.02～4.29 m/s。

表 5.8　运行场景 2 试验表面流速误差分析表

项目		最大值	最小值	平均值	最大绝对误差	平均绝对误差	最大相对误差/%	平均相对误差/%
流速大小/(m/s)	实测值	4.82	0.02	2.59	0.69	0.26	20	10
	计算值	4.29	0.02	2.58				
流速方向/(°)	实测值	115.76	35.87	88.94	30.47	12.86	43	15
	计算值	132.03	26.18	88.05				

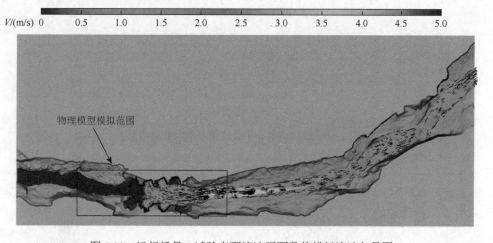

图 5.39　运行场景 2 试验表面流速平面数值模拟流速矢量图

图 5.39～图 5.43 为运行场景 2 试验表面流速实测值和计算值的对比分析情况。在流速大小上，实测结果中流速最大值为 4.82 m/s，最小值为 0.02 m/s，平均值为 2.59 m/s。计算结果中流速最大值为 4.29 m/s，最小值为 0.02 m/s，平均值为 2.58 m/s。两者最大绝对误差的出现位置为 13-4 号测点，为 0.69 m/s，实测值与计算值的平均绝对误差为 0.26 m/s；最大相对误差出现在 9-4 号测点，为 20%，平均相对误差为 10%。在流速方向上，物理模型试验实测结果角度最大值为 115.76°；最小值为 35.87°。计算结果中角度最大值出现位置为 13-7 号测点，为 132.03°，最小值为 26.18°。物理模型试验实测值和计算值在流速方向上的最大绝对误差为 30.47°，平均绝对误差为 12.86°，最大相对误差为 43%，平均相对误差为 15%。

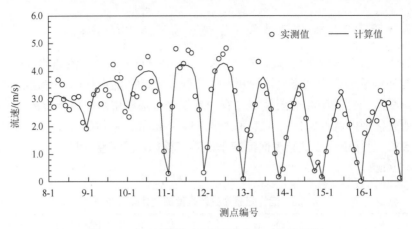

图 5.40　运行场景 2 平面流速大小对比验证图

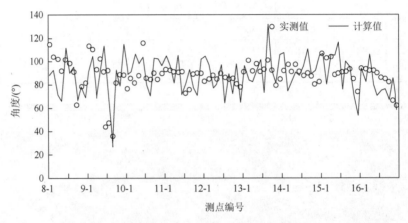

图 5.41　运行场景 2 平面流速方向对比验证图

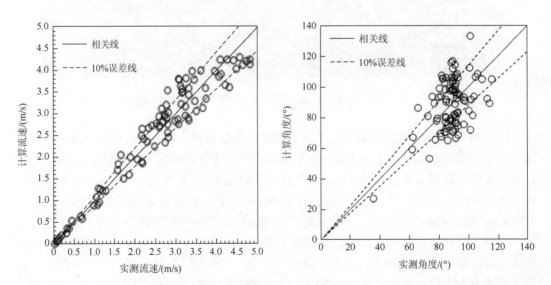

图 5.42　运行场景 2 平面流速大小误差对比验证图　　图 5.43　运行场景 2 平面流速方向误差对比验证图

3. 对比结果分析

综上所述，由于水流全部由左右岸机组下泄，拱坝坝段不泄流，尾水出口水流对冲后汇入河道，受到地形的影响，流速先增大后减小，两岸河面宽阔处有回流现象，回流速度较小。在流速大小上，虽然两种运行场景下平面流速最大绝对误差为 1.2 m/s，但只是极个别测点有较大误差。整体上看，平均相对误差为 11%，实测值与计算值在变化趋势上基本一致。并且，由于流场测量流速结果绝对值较大，最大相对误差仅为 20%。因此，在流速大小上，数值模拟结果具有合理性和可信度。在流速方向上，由于部分测点处于回流区，水流紊动造成流速方向变化剧烈，部分平面流速角度误差较大。整体上看，平均相对误差为 15%，实测值与计算值在变化趋势上基本一致。因此，在流速方向上，数值模拟结果基本上具有合理性和可信度。

通过对两种试验运行场景下的流场系统测量结果和数值模拟结果进行对比验证，充分验证了在不同流量和水位条件下的数值模拟结果的合理性，且将结果从流速大小和流速方向两方面进行了对比验证，说明本书所采用的三维数值模拟数学模型以及数值模拟结果具有合理性和可信度，可用于本书进行三维流场的预测与分析工作。

（扫一扫，见本章彩图）

第 6 章　高坝下游集诱鱼流态塑造

6.1　引　言

洄游鱼类在坝下受阻时，因群居习性形成有序同一的运动方式而呈现集群效应。与洄游行为有关的集群行为包括回避（鱼群加速向两侧扩散）、密集（靠拢呈球状）、巡航（正常巡游，锋面为圆弧状）和合拢（无序混乱），集群的信息传递和行为诱导，其在无外因刺激时与水动力学条件密切相关。研究依托自主研发的行为生态学测试系统，采用视频分析和非接触式流场同步测量方法，对非均匀可变流场条件下的鱼群空间分布、集群模式与水力学条件进行耦合分析，解构集群的成因与典型模式、空间分布、结构特点、失稳临界条件和变化过程，刻画在不同水动力学条件下鱼群的凝聚力指标、协调性指标和排斥力指标。

若能通过优选过鱼设施的进口位置，优化工程运行方式而塑造适宜的流态，则可以正确引导较多群体而实现高效集鱼。无论是采用高坝集运鱼或是中低水头适用的竖缝式鱼道，通过改变进口附近的水深、流速、紊动强度、射流角度和流速梯度等水动力学参数都将影响诱鱼效果。研究将根据之前构建的鱼类偏好的流态开展主动诱导，引起鱼类正趋流性反应并揭示流态适宜条件。论证优化进口位置、结构和补水方式对坝下流场的影响，进一步开展针对鱼类集群行为的诱导研究，建立鱼群形成—失稳—分散—重构过程中，流速、紊动能和雷诺应力范围以及指标与集群稳定指标的关联。

6.2　鱼类坝下集群行为

6.2.1　鱼类集群行为的定义

有关鱼群的定义，很多学者都已发表过看法。Breder（1959）认为 School（鱼群）和 Aggregation（集合体）是两种不同形式的鱼类集合体，它们的主要区别是鱼群是具有同步性的、极化的、具有协调性、有着共同目标的集合体，也就是说，Aggregation 概念是包含着 School 的，School 区别于 Aggregation 的特征是 School 中的所有鱼个体具有同步性和协调性，保持着一定的规则。

由于很多鱼类具有群居的习惯，它们会游泳到共同的地方寻找食物，这时被称为 Shoal（Pitcher et al.，1982）。Hensor 等（2005）认为当鱼类彼此之间的距离在 4BL（体长）以内，就可以视为 Shoal。Shoal 表示一群鱼，这群鱼可以是一种鱼，也可以包含几种鱼，鱼只是单纯的聚集在一起，较为散乱无章。Shoal 只是一种鱼类聚集现象，与群体的行为和功能没有关系，Schooling 是 Shoal 中的一种，觅食、索饵和产卵形成的群体可以用 Shoaling 来表示，如果鱼群有着明显的自组织现象，涉及鱼类的社会行为和运动协调能力，则可以用 Schooling 来表示。当鱼类进行长距离洄游时，通常会结成群体进行集体行动，这种现象也被称为 Schooling。

Pitcher（1993）用图 6.1 来区分 Shoal 和 School，图中显示了鱼类的两种主要的集群行为，除此之外还有其他行为用来反映多种功能与集群的关系，如产卵、摄食和迷惑天敌等。Breder（1959）还提出鱼类还可以通过兼性集群和强制集群的行为来更好地适应不同的环境和生存条件，"兼性集群"和"强制集群"两种分类方式指的是鱼类集群行为的程度和可塑性。

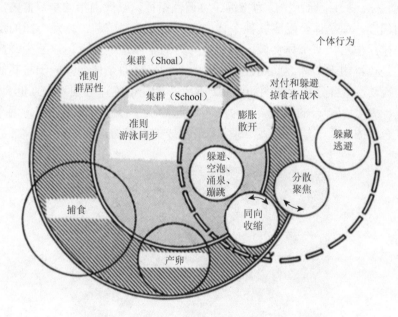

图 6.1　Shoal 和 School 的区别与鱼类行为图

如图 6.1 所示，School 和 Shoal 都是描述群体行为的术语。School 强调的是个体运动方向的一致性，也就是说同步游泳是群体的特征。而 Shoal 强调的是聚集在一起，行动并不一致。这两种群体的空间形态可以不断变化，可以使用各种词语来描述，如闪现、分散、膨胀、空泡和涌泉等。

6.2.2　鱼群结构及形状

鱼类的集群特征体现在两个方面，一方面是内部结构，表征鱼群中的鱼类个体及其邻近鱼的运动与信息交流，鱼群个体都遵循着自组织行为的规则和策略。另一方面是外部形状，表征鱼群的整体外部形状变化、整体群体的集群-分散过程和分布特点等。

对应地使用两种参数来更全面地了解鱼群的性质。第一种参数是鱼群的内部结构参数，其描述鱼群内部的组成和分布情况，包括鱼群中的密度（单位水体中包含的鱼个体数）、鱼个体间的距离、偏好距离与偏好角度、个体相对距离（各尾鱼与次最近邻近鱼的距离和该鱼与最近邻近鱼的距离的平均比值，如果该比值接近 1，则表明鱼群中个体位置排列趋于均匀，如果该比值为 1.5，则表明鱼群中个体位置接近无规则排列）等。第二种参数是鱼群的外形参数，其描述鱼群整体的形态特征，如鱼群的大小、形状、密度和运动方式等，包括鱼群整体的长度、宽度、厚度、聚集度、直径、面积、形状系数等。当从二维的角度对鱼类集群行为进行研究时，选择的参数为鱼群长度、宽度、面积。

1. 鱼群内部结构

用于评价鱼类集群内部结构的指标有很多种，但常用的有三种指标（Kubo and Iwasa，2016），分别是凝聚力指标、排斥力指标、协调性指标。凝聚力指的是鱼群内部个体之间吸引作用的程度，即个体会受到其他个体的吸引而聚集在一起；排斥力指的是鱼群内部个体之间的排斥作用，即个体会倾向于避免与其他个体过于接近，以减少碰撞和混乱；协调性指的是鱼群内部个体之间相互协调行为的程度，即个体会倾向于与其他个体朝着相同的方向运动。鱼群分布示意图如图 6.2 所示，其中 v_f 和 v_n 分别为焦点鱼 f 和邻近鱼 n 的速度矢量，θ 为 v_f 和 v_n 的夹角，d 为将 v_n 的起始点平移到 v_f 的起始点，两个速度矢量的起始点重合时的向量末端的距离，S_t 为鱼群组成的凸多边形面积。

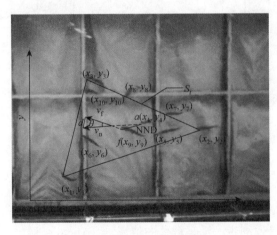

图 6.2　鱼群分布示意图

NND：nearest neighbor distance，最近邻距离

1）凝聚力指标

表征凝聚力指标的参数有鱼群质心（x_t，y_t）、距离（D_t，单位为 m）、NND（单位为 m）、鱼群组成的凸多边形面积（S_t，单位为 m^2）。鱼群质心表示的是鱼群在水中的分布中心，NND 衡量的是鱼群的紧凑程度，鱼群组成的凸多边形面积代表的是鱼群的分布范围。计算公式如下：

$$(x_t, y_t) = \left(\frac{1}{n} \sum_{i=1}^{n} x_i, \frac{1}{n} \sum_{i=1}^{n} y_i \right), \quad i = 1, 2, \cdots, n \tag{6.1}$$

式中，n 为鱼群中鱼的个体数，在本试验中取 $n = 10$；x_i 和 y_i 分别为在 t 时刻鱼 i 的横、纵坐标点。

$$D_t = \sqrt{(x_{t1} - x_{t2})^2 + (y_{t1} - y_{t2})^2} \tag{6.2}$$

式中，x_t 和 y_t 分别为焦点鱼和需要计算距离的另一尾鱼在 t 时刻的横、纵坐标点。

$$\text{NND} = \min\{D_i\}, \quad i = 1, 2, \cdots, n-1 \tag{6.3}$$

式中，n 为鱼群中鱼的个体数，在本试验中取 $n = 10$。选择最靠近鱼群质心的鱼为焦点鱼，计算出焦点鱼和其他所有鱼 i 的距离 D_i，取最小值为该焦点鱼的 NND。

$$S_t = \frac{1}{2} \left| \sum_{i=1}^{n} (x_i y_{i+1} - x_{i+1} y_i) \right|, \quad i = 1, 2, \cdots, a \tag{6.4}$$

式中，S_t 为鱼群组成的凸多边形面积；a 为凸多边形顶点个数，在图 6.2 中 $a = 3$，其中，$x_{a+1} = x_1$，$y_{a+1} = y_1$，x_i 和 y_i 分别为在 t 时刻鱼 i（$i = 1, 2, \cdots, a$）的横、纵坐标点。

2）排斥力指标

排斥力与凝聚力相对应，适用于排斥力指标的参数是游泳分离指数（separation swimming index，SSI）。

$$\text{SSI} = \frac{2d}{|v_f| + |v_n|} \tag{6.5}$$

式中，v_f 为焦点鱼在 t 时刻的速度矢量；v_n 为邻近鱼在 t 时刻的速度矢量；d 为将 v_n 的起始点平移到 v_f 的起始点，两个速度矢量的起始点重合时的向量末端的距离。SSI 用于衡量鱼群中个体之间的距离和方向，以确定鱼群是否分离或聚集，范围为[0, 2]，当鱼群的游泳方向一致时，SSI 为 0；当鱼个体游泳方向完全相反时，SSI 为 2；当鱼群在没有任何水流等外界环境干扰下随机游动时，SSI 的平均值接近 1.27（Fukuda et al.，2010）。

3）协调性指标

表征协调性指标的参数有游泳同步性（H_{tb}）、排列极性（L）、队列强度（P_{dl}）、旋转强度（M）（周意琦，2020），以上指标均为无量纲数，没有单位，其中游泳同步性、排列极性和队列强度表示的是鱼群沿着前进方向直线排列的整齐程度，旋转强度衡量的是鱼群绕着某一个点旋转的整齐程度。计算公式如下：

$$H_{tb} = 1 - \left| \frac{V_f - V_G}{V_G} \right| \times 100\% \tag{6.6}$$

式中，V_f 为焦点鱼的速度；V_G 为群体所有鱼的平均游泳速度。

$$L = \frac{m}{N} \times 100\% \tag{6.7}$$

式中，m 为与头鱼方向一致的个体数；N 为鱼群的总个体数。

$$P_{dl} = \frac{1}{N} \left| \sum_{i=1}^{N} e_i^{\parallel} \right|, \quad e_i^{\parallel} = (\cos\theta_i, \sin\theta_i) \tag{6.8}$$

式中，N 为鱼群的总个体数；θ_i 为鱼个体 i 的速度方向与坐标轴 x 轴的夹角。P_{dl} 的取值为 [0, 1]，当 $P_{dl} = 1$ 时，鱼群处在一个完全有序的平行运动状态，所有个体的运动方向一致；

当 $P_{\mathrm{dl}} = 0$ 时，鱼群处在一个完全无序的状态，个体方向均匀无序，随机分布。

$$M = N \frac{\left| \sum_{i=1}^{N} e_i^r \times \dot{r}_1 \right|}{\left| \sum_{i=1}^{N} e_i^r \right| \left| \sum_{i=1}^{N} \dot{r}_1 \right|} \tag{6.9}$$

式中，$(\dot{r}_i)$ 为鱼个体 i 的速度矢量；$e_i^r = (r_i - \overline{r}_1) / |r_i - \overline{r}_1|$，为连接鱼群质心与个体 i 的线段上的单位矢量。M 的取值同样为[0, 1]，当 $M = 1$ 时，鱼群处在有序绕质心旋转的运动状态，所有个体的旋转运动方向一致；当 $M = 0$ 时，鱼群的旋转角动量之和为 0，其可能处在完全无旋转的平行运动状态，也可能处在角动量之和恰好为 0 的小群体状态。

2. 鱼群外部形状

利用协调性指标中的队列强度 P_{dl} 和旋转强度 M 可以定义四种在不同水力因子的鱼群形状（周意琦，2020），将鱼群运动稳定后的序参数 P_{dl} 和 M 在一段时间内的平均值作为判据，把鱼群运动模式分为四个不同的动力学相，它们分别是队列（$0.5 < P_{\mathrm{dl}} \leqslant 1$, $0 < M < 0.4$）、转向（$0.5 < P_{\mathrm{dl}} \leqslant 1$, $0.4 < M < 1$）、环绕（$0 < P_{\mathrm{dl}} \leqslant 0.5$, $0.4 < M < 1$）、涌动（$0 < P_{\mathrm{dl}} \leqslant 0.5$, $0 < M < 0.4$），如图 6.3 所示。

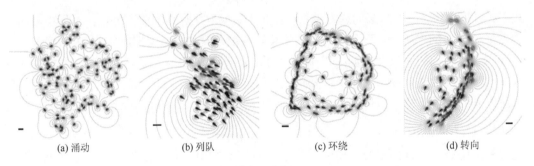

(a) 涌动　　　　　　(b) 列队　　　　　　(c) 环绕　　　　　　(d) 转向

图 6.3　鱼群运动不同模式示意图（Filella et al.，2018）

6.3　集群行为对水动力学条件的响应

6.3.1　试验设计

1. 试验对象

以长江上游特有鱼类、具有重要经济价值的齐口裂腹鱼（*Schizothorax prenanti*）为研究对象，其是西南山区河流中具有代表性的优势鱼种，是四川省省级保护动物，主要分布在中国西南地区的怒江、澜沧江和金沙江等河流中上游的支流中，包括云南、四川、贵州等省份（丁瑞华，1994）。白鹤滩、乌东德等水电站集运鱼系统都将其确定为次要或兼顾过鱼对象。

齐口裂腹鱼繁殖季节为 3~4 月，多在急流浅滩上产卵（丁瑞华，1994），它的卵为漂流性卵，具有江河繁殖洄游需求，有短距离的生殖洄游现象。鉴于其种群名贵、营养价值高且具有洄游需求，将其作为研究对象具有较强的代表性。

2. 装置设计

采用室内水槽试验来对鱼类集群行为进行研究，试验装置为大尺寸矩形自循环生态水槽，如图 6.4 所示，试验区域长 14 m，宽 3 m，在上游用两块挡板将水槽上游分割成 3 个 1 m 宽的进水口，可以在横向方向上形成流速分区，分别记为 I、II、III 区。通过电机把水泵入循环供水渠道实现水流的循环，可以较好地反映坝下天然河道的流场和水力条件，给予洄游鱼类足够大的游泳空间，满足鱼群对不同流场的偏好选择。

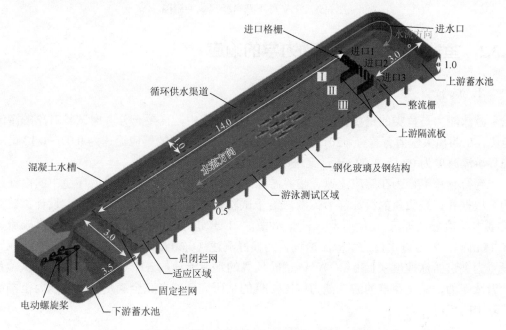

图 6.4　试验大尺寸矩形自循环生态水槽示意图（单位：m）

在试验水槽正上方 4 m 高的位置安装有两个摄像机（WIM SkyStar，30 帧/s），由于摄像机位于水槽正上方，拍摄到的视频只是平面上的视频，水槽的水深设置为 0.3 m 以消除水深对视频的影响，从而进行平面二维的研究。在试验过程中全程记录试验鱼群的游泳轨迹，后续根据视频通过 Logger Pro 3.16.2 软件每隔 1 s 记录一次试验中鱼群二维相对位置，换算得出试验鱼的实际位置坐标点，随后即可进行相关参数计算来对鱼群空间位置特征进行分析计算。

3. 流场测量

用 ADV 测量试验水槽中部分点位的瞬时水流流速，ADV 测量采用传统的方法，x、y、z 分别代表纵向、横向、垂向三个方向，其外形及试验现场使用图如图 6.5 所示。后续进行插值得到装置中水流的流速、紊动能、雷诺应力。将鱼群内部结构参数与水力学因子叠加即可获得非均匀流场作用下的鱼群内部结构对水力学因子的响应关系。

(a) 外形

(b) 试验现场使用图

图 6.5　ADV 外形及试验现场使用图

6.3.2　鱼群内部结构对水动力学的响应

1. 试验方案

游泳能力是鱼类的重要指标，在试验方案的设置中，需要充分考虑试验对象的游泳能力，在四川大学傅菁菁等（2013）的研究中，齐口裂腹鱼的感应流速为 $0.07\sim0.13$ m/s，临界游泳速度为 $0.65\sim1.09$ m/s，突进游泳速度为 $0.85\sim1.53$ m/s。

为得到鱼类行为在感应流速、临界游泳速度、突进游泳速度的水流环境中的内部结构，根据齐口裂腹鱼的游泳能力范围，给予试验鱼群充分的水流流速需求，设计试验场景基本参数表，如表 6.1 所示。试验水槽的 1 号进水口的水流流速设置为感应流速（0.15 m/s），2 号进水口的水流流速设置为偏好流速（0.60 m/s），3 号进水口的水流流速设置为突进游泳速度（1.50 m/s），该试验场景的水流流速的三个进水口完美对应试验鱼的游泳能力，满足鱼群的游泳能力范围，目的是研究鱼群在完全满足其游泳能力范围的流场中的集群行为。

表 6.1　试验场景基本参数表

水力因子	I 区	II 区	III 区
流速/(m/s)	$0.15\sim0.50$	$0.50\sim1.0$	$1.00\sim1.50$
紊动能/(m²/s²)	$0.00\sim0.07$	$0.01\sim0.20$	$0.01\sim0.13$
雷诺应力/Pa	$0.00\sim2.81$	$0.21\sim2.95$	$0.15\sim3.27$

2. 鱼类集群行为对流速的响应

1）鱼群内部结构

将 NND、集群面积、SSI、游泳同步性、排列极性和旋转强度与水流的流速进行耦合，如图 6.6 所示。

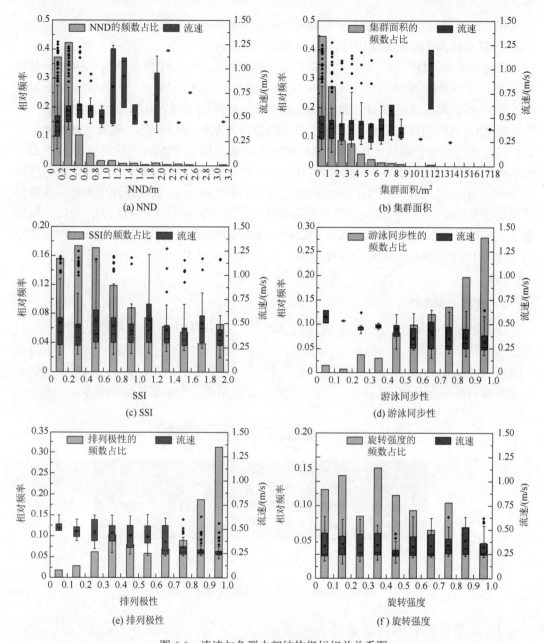

(a) NND

(b) 集群面积

(c) SSI

(d) 游泳同步性

(e) 排列极性

(f) 旋转强度

图 6.6　流速与鱼群内部结构指标相关关系图

　　在鱼群的凝聚力方面，鱼群的 NND 总体趋势为随着流速的增大而增大。大部分 NND 小于 0.4 m（1.54BL，BL 为试验鱼的体长），占比为 79.17%，相应的流速为 0.27～0.51 m/s（取箱形图箱体上下限，即上下四分位数）。NND 的值越大，其占比越小，小于 0.8 m 的 NND 范围已经占到了 93.71%，相应的流速为 0.27～0.51 m/s。集群面积的趋势与 NND 类似，也是值越大，其占比越小，其大小随着流速的增大而增大，小于 2 m^2 的集群面积 占比为 71.91%，相应的流速为 0.29～0.52 m/s，小于 4 m^2 的集群面积范围已经达到了 88.61%，相应的流速为 0.29～0.52 m/s。

在鱼群的排斥力方面，SSI 分布最多的是在 0.2～0.6（占比为 34.39%），分布在 0～1.2 的 SSI 占比为 78.07%，相应的流速为 0.27～0.70 m/s。

在鱼群的协调性方面，焦点鱼和鱼群的游泳同步性分布最多的在 90%～100%，其占比达到了 27.82%，游泳同步性在 80%～100% 的占比为 47.37%，对应的流速为 0.24～0.45 m/s，游泳同步性超过 50% 的占比为 82.71%，对应的流速为 0.24～0.51 m/s，游泳同步性在 0%～40% 的占比只有 17.27%，对应的流速为 0.44～0.64 m/s。随着流速的增加，鱼群的游泳同步性会降低。排列极性在 0.8～1.0 的占比为 50%，对应的流速为 0.23～0.29 m/s，排列极性大于 0.5 的占比为 71.43%，对应的流速为 0.23～0.53 m/s，排列极性在 0～0.5 的占比只有 28.57%，对应的流速为 0.31～0.59 m/s。随着流速的增加，鱼群的排列极性会降低。鱼群的旋转强度则没有明显的规律，在 0～1 上有较均匀的分布，旋转强度分布最多的在 0.3～0.4，也仅占 15.24%。旋转强度在 0～0.4 的占比为 50.19%，对应的流速为 0.24～0.47 m/s，旋转强度在 0.4～1.0 的占比为 49.81%，对应的流速为 0.24～0.53 m/s。

2）鱼群上溯路线

观察试验中的鱼群上溯路线，选取两组较为典型的路线，将其与水流流速进行结合，如图 6.7 所示。鱼群都是以群体的形式进行上溯的，上溯过程中主要选择水流较缓的区域（Ⅰ区和Ⅱ区，y 为 0～1 m 时为Ⅰ区，Y 为 1～2 m 时为Ⅱ区，Y 为 2～3 m 时为Ⅲ区），在此区域的流速为 0.14～0.73 m/s，这与之前总结的最适宜集群的流速条件基本一致。

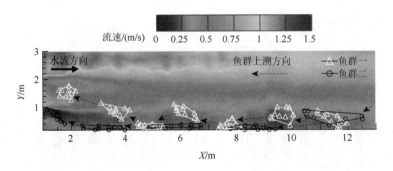

图 6.7　鱼群上溯路线与水流流速分布图

3. 鱼类集群行为对紊动能的响应

1）鱼群内部结构

将 NND、集群面积、SSI、游泳同步性、排列极性和旋转强度与水流的紊动能进行耦合，如图 6.8 所示。

在鱼群的凝聚力方面，鱼群的 NND 有 79.17% 的占比小于 0.4 m（1.54BL），对应的紊动能为 0.004～0.014 m²/s²，NND 有 93.71% 的占比小于 0.8 m，对应的紊动能为 0.004～0.018 m²/s²。集群面积有 71.91% 的占比小于 2 m²，对应的紊动能为 0.006～0.016 m²/s²，有 88.61% 的占比小于 4 m²，对应的紊动能为 0.005～0.016 m²/s²。

在鱼群的排斥力方面，鱼群的 SSI 有 78.07%的占比为 0～1.2，对应的紊动能为 0.004～0.017 m²/s²，当 SSI 为 0～0.8 时，SSI 与紊动能呈正相关，而当 SSI 大于 0.8 之后，随着水流紊动能的减小，SSI 反而会略有增大。

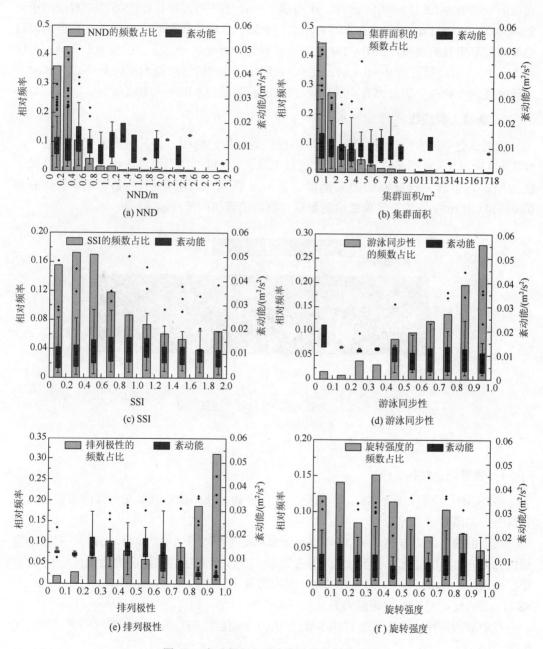

图 6.8 紊动能与鱼群内部结构指标关系图

在鱼群的协调性方面，焦点鱼和鱼群的游泳同步性为 80%～100%（43.37%占比）时对应的紊动能为 0.003～0.012 m²/s²，游泳同步性超过 50%的占比为 82.71%，对应的紊动能为 0.003～0.014 m²/s²，为 0%～40% 的占比为 17.29%，对应的紊动能为 0.011～0.022 m²/s²。随着水流紊动能的增加，鱼群的游泳同步性会降低。排列极性为 0.8～1.0 的占比有 50%，对应的紊动能为 0.003～0.005 m²/s²，排列极性大于 0.5 的占比有 71.43%，对应的紊动能为 0.003～0.019 m²/s²，排列极性为 0～0.5 的占比只有 28.57%，对应的紊动能 0.011～0.021 m²/s²。随着水流紊动能的增加，鱼群的排列极性会降低。鱼群的旋转强度则没有明显的规律，在 0～1.0 上均有较均匀的分布，分布最多的是 0.3～0.4，也仅占 15.24%。旋转强度为 0～0.4 的占比有 50.19%，对应的紊动能为 0.003～0.017 m²/s²，旋转强度为 0.4～1.0 的占比有 49.81%，对应的紊动能为 0.003～0.013 m²/s²。

2）鱼群上溯路线

观察试验中的鱼群上溯路线，选取两组较为典型的路线，将其与水流紊动能结合，如图 6.9 所示，鱼群都是以群体的形式进行上溯的，鱼群二的上溯路线都是在紊动能最小的边壁，而鱼群一选择路线的紊动能比鱼群二略大，两组鱼的路线对应的紊动能为 0.001～0.051 m²/s²，这与之前总结的最适宜集群的紊动能条件基本一致。

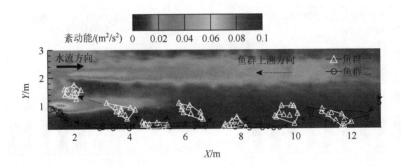

图 6.9　鱼群上溯路线与紊动能分布图

4. 鱼类集群行为对雷诺应力的响应

1）鱼群内部结构

将 NND、集群面积、SSI、游泳同步性、排列极性和旋转强度与水流的雷诺应力进行耦合，如图 6.10 所示。

在鱼群的凝聚力方面，鱼群 NND 小于 0.4 m 的占比有 79.17%（1.54BL），对应的雷诺应力为 0.11～0.42 Pa，小于 0.8 m 的占比有 93.71%，对应的雷诺应力为 0.11～0.54 Pa。集群面积小于 2 m² 有 71.91% 的占比，对应的雷诺应力为 0.12～0.57 Pa，小于 4 m² 有 88.61% 的占比，对应的雷诺应力为 0.10～0.57 Pa。

在鱼群的排斥力方面，鱼群的 SSI 为 0～1.20 有 78.07% 的占比，对应的雷诺应力为 0.11～0.61 Pa。

在鱼群的协调性方面，焦点鱼和鱼群的游泳同步性为 80%～100%（43.37% 占比）时对应的雷诺应力为 0.01～0.60 Pa，游泳同步性超过 50% 的占比有 82.71%，对应的雷诺应力为 0.01～0.60 Pa。排列极性为 0.8～1.0 的占比有 50%，对应的雷诺应力为 0.01～0.19 Pa，排列极性大于 0.5 的占比有 71.43%，对应的雷诺应力为 0.01～0.62 Pa，排列极性为 0～0.5 的占比只有 28.57%，对应的雷诺应力为 0.29～0.71 Pa。鱼群的旋转强度则没有明显的规律，在 0～1 上有较均匀的分布，分布最多的是 0.3～0.4，也仅占 15.24%。旋转强度为 0～0.4 的占比有 50.19%，对应的雷诺应力为 0.06～0.57 Pa，旋转强度为 0.4～1.0 的占比有 49.81%，对应的雷诺应力为 0.01～0.58 Pa。

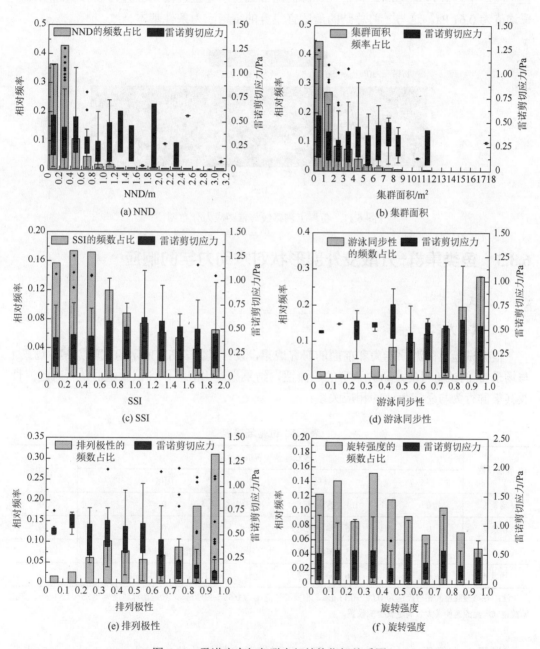

图 6.10 雷诺应力与鱼群内部结构指标关系图

2）鱼群上溯路线

观察试验中的鱼群上溯路线，选取两组较为典型的路线，将其与水流的 X、Y 平面雷诺应力结合，如图 6.11 所示，鱼群一在群体上溯过程中先进入了雷诺应力相对比较小的Ⅰ区，在上溯路线的末端进入了雷诺应力相对较大的Ⅱ区，对应的雷诺应力为 0.10～1.21 Pa，平均值为 0.52 Pa。鱼群二选择的路线则位于Ⅰ区，雷诺应力为 0.01～2.63 Pa，平均值为 0.61 Pa。这与之前总结的最适宜集群的雷诺应力条件基本一致。

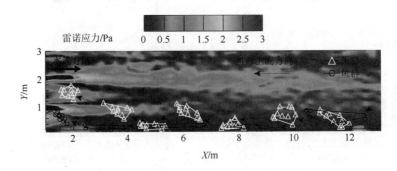

图 6.11　鱼群上溯路线与雷诺应力分布图

6.3.3　鱼类集群-分散及外部形状对水动力学的响应

1. 试验方法

1）试验方案

根据试验鱼的游泳能力和前面的研究成果，设计了如表 6.2 所示的试验方案，场景 1 与场景 2 的试验目的是研究鱼群的趋流性，结果相对比即可得到试验鱼群是否有趋流性及其集群行为与感应流速的相应关系。

表 6.2　试验场景表

场景设置	进口流速设置/(m/s)			试验组数
	Ⅰ区	Ⅱ区	Ⅲ区	
场景 1	0	0.1（感应流速）	0	10
场景 2	0	0.6（偏好流速）	0	10
场景 3	0	0.5（偏好流速）	1（临界游泳速度）	10
场景 4	0	0.6（偏好流速）	1.5（突进游泳速度）	10

注：齐口裂腹鱼的感应流速为 0.07～0.13 m/s，临界游泳速度为 0.65～1.09 m/s，突进游泳速度为 0.85～1.53 m/s，在试验前调试水流流速使其大致满足表中的设置。

场景 3 和场景 4 的试验目的是研究鱼群的游泳偏好趋势。场景 3 的 2 号进水口水流流速设置为高于感应流速而小于临界游泳速度（0.5 m/s），3 号进水口水流流速设置为临界游泳速度的最大值（1 m/s），目的是研究鱼群在没有流速屏障且存在感应不到水流流速的区域的情况下，更喜欢在哪种水流环境下集群，探讨区域Ⅱ能否诱导鱼类的集群行为，没有流速屏障的水流能否使鱼群分散。场景 4 的 2 号进水口水流流速设置为高于感应流速而小于临界游泳速度（0.6 m/s），3 号进水口水流流速设置为突进游泳速度的最大值（1.5 m/s），目的是研究鱼群在有流速屏障且存在感应不到水流流速的区域的情况下，是否会更喜欢在偏好流速的区域中集群，同时研究鱼群是否会在区域Ⅱ的水流中被诱导集群，以及有流速屏障存在的水流中能否使鱼群分散。

本研究中试验鱼相应的吸引区范围大约为 1.17 m，即若鱼个体或者鱼群与另一个鱼群之间的距离大于 1.17 m，则认为鱼群是分散的；若鱼个体或者鱼群与另一个鱼群之间的距离从大于 1.17 m 减小到小于 1.17 m，两个群体重新组合成了一个稳定的群体，则认为是集群诱导成功。

2）流场数值模拟

由于设置的场景较多，每个场景都用 ADV 测量上千个点需要花费大量的时间，存在一定的难度，因此这部分场景采用数值模拟与 ADV 实测验证的方式进行水力因子的计算。

采用 Flow-3D 软件实现三维紊流数值计算，数值模拟主要内容包括以下几个方面：①几何模型建立及网格划分；②边界及初始条件设置；③水动力控制方程；④方程离散和求解。试验水槽几何模型及网格划分如图 6.12 所示，求解得水槽的三维紊流数值流场。

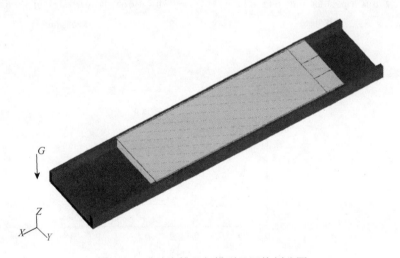

图 6.12　试验水槽几何模型及网格划分图

2. 集群-分散对水动力学的响应

1）场景 1

场景 1 中试验鱼群分散 81 次，重新集群 95 次，统计出鱼类集群与分散时各水力因子的最大值、平均值、最小值，如表 6.3 所示，绘制出水力因子的概率曲线图，如图 6.13

所示。结果显示，鱼类在发生重新集群行为时的流速、紊动能的平均值比鱼群分散时的值大，雷诺应力均值较小，说明鱼类对流场具有明显的感知行为，而一定大小的流速、紊动能和雷诺应力可以诱导鱼类的集群行为。

表 6.3　场景 1 鱼类集群与分散时对应的水力因子表

	流速/(m/s)			紊动能/(m²/s²)			雷诺应力/Pa*		
	最大值	平均值	最小值	最大值	平均值	最小值	最大值	平均值	最小值
集群	0.16	0.06	0	0.002	0.001	0	0.75	0.01	0
分散	0.16	0.05	0	0.002	0	0	0.68	0.08	0

注：*表示试验鱼重新集群和分散时对应的水力因子在独立样本 T 检验中呈现出显著差异，显著水平为 $P<0.5$，下同。

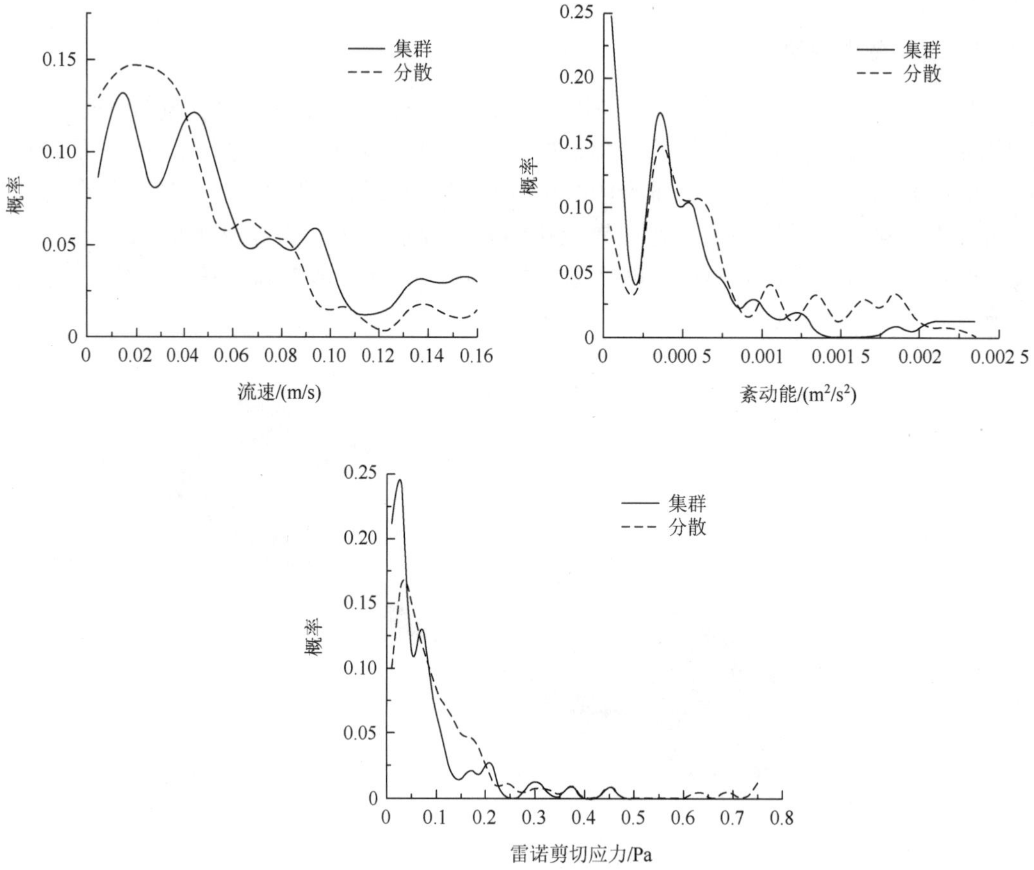

图 6.13　场景 1 鱼类集群与分散时对应的水力因子概率曲线图

由图 6.13 可以看出，当流速大于 0.1 m/s、紊动能大于 0.001 m²/s²、雷诺应力大于 0.2 Pa 时，试验鱼的重新集群和鱼群分散的概率均较小。但是试验鱼在发生重新集群或者鱼群分散时的流速、紊动能和雷诺应力的概率分布曲线趋势是一致的。2 号进水口的流速最大值为 0.16 m/s，略大于试验鱼的感应流速（0.07～0.13 m/s），1 号和 3 号进水口由于水流的回流，并不等于 0，但是均小于试验鱼的感应流速。由此可见，鱼群的感应流速会对其集群行为产生略微的影响，增加鱼类集群的稳定性，但是并不能显著诱导其产生集群行为。

2）场景 2

场景 2 中试验鱼群分散 135 次，重新集群 141 次。统计出鱼类集群与分散时各水力因子的最大值、平均值、最小值，如表 6.4 所示，绘制出水力因子的概率曲线图，如图 6.14 所示。结果显示，试验鱼重新集群与鱼群分散时的流速和雷诺应力呈现出显著差异。试验鱼发生集群行为时的水流流速平均值比鱼群分散时的大，而紊动能和雷诺应力平均值比鱼群分散时的小，说明大于感应流速而小于临界游泳速度的流速能够诱导鱼类的集群行为，而过大的紊动能和雷诺应力则使鱼群分散。

由图 6.14 可以看出，试验鱼重新集群和鱼群分散时对应的流速、紊动能和雷诺应力均有着较大的不同。当流速为 0.4 m/s、紊动能为 0.001 m²/s²、雷诺应力为 0 Pa 左右时，试验鱼发生集群行为的概率最大；而当流速为 0.1 m/s、紊动能为 0.002 m²/s²、雷诺应力为 0.4 Pa 左右时，试验鱼发生鱼群分散的概率最大。且当流速为 0.27～0.66 m/s、紊动能小于 0.0017 m²/s²、雷诺应力小于 0.38 Pa 时，试验鱼重新集群的概率比鱼群分散的概率大。当流速在 0.10～0.52 m/s 时，鱼群分散的概率与流速呈负相关关系；当紊动能在 0.002～0.021 m²/s² 时，鱼群分散的概率与紊动能呈正相关关系。在场景 2 中，只有 2 号进水口有水流，流速最大值为 0.66 m/s，试验水槽两侧的流速均小于 0.10 m/s。由此可见，鱼群的偏好流速会对其集群行为产生显著影响，增加鱼类集群的概率，已经能够较明显地诱导鱼类的集群行为。

表 6.4　场景 2 鱼类集群与分散对应的水力因子表

	流速/(m/s)*			紊动能/(m²/s²)			雷诺应力/Pa*		
	最大值	平均值	最小值	最大值	平均值	最小值	最大值	平均值	最小值
集群	0.66	0.32	0.02	0.023	0.011	0.001	2.08	0.34	0
分散	0.66	0.20	0.02	0.023	0.017	0	1.90	0.54	0

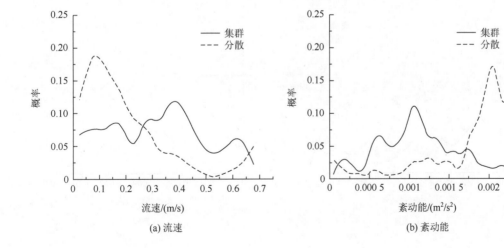

(a) 流速　　　　　　　　　　　　　　　(b) 紊动能

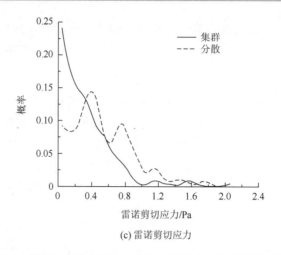

(c) 雷诺剪切应力

图 6.14　场景 2 鱼类集群与分散时对应的水力因子概率曲线图

3）场景 3

场景 3 中试验鱼群分散 182 次，重新集群 193 次。统计出鱼类集群或者分散时各水力因子的最大值、平均值、最小值，如表 6.5 所示，绘制出水力因子的概率曲线图，如图 6.15 所示。结果显示，试验鱼发生集群行为和鱼群分散时的流速和雷诺应力呈现出显著差异。试验鱼发生集群行为时的水流流速、紊动能、雷诺应力的平均值均比鱼群分散时的小，说明在不存在突进游泳速度的流速下，过大的流速、紊动能和雷诺应力使鱼群分散。

表 6.5　场景 3 鱼类集群或分散对应的水力因子表

	流速/(m/s)*			紊动能/(m²/s²)			雷诺应力/Pa*		
	最大值	平均值	最小值	最大值	平均值	最小值	最大值	平均值	最小值
集群	1.15	0.52	0.02	0.016	0.005	0	2.00	0.50	0
分散	1.15	0.64	0.02	0.017	0.007	0	1.96	0.54	0

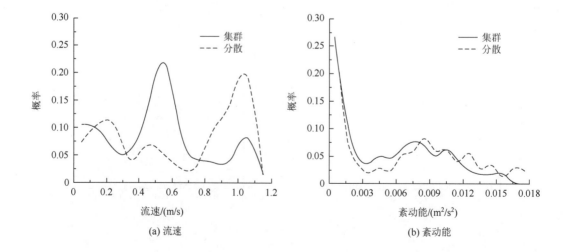

(a) 流速　　　　　　　　　　　　　(b) 紊动能

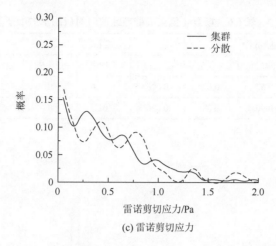

图 6.15　场景 3 鱼类集群与分散时对应的水力因子概率曲线图

由图 6.15 可以看出，试验鱼重新集群和鱼群分散时对应的流速概率分布曲线存在着明显不同的峰值，而紊动能和雷诺应力的概率分布曲线的趋势大致相当。当流速为 0.58 m/s、紊动能和雷诺应力都为 0 左右时，试验鱼发生集群行为的概率最大；而当流速为 1.05 m/s、紊动能和雷诺应力为 0 左右时，试验鱼发生鱼群分散的概率最大。且当流速为 0.32~0.78 m/s 时，试验鱼重新集群的概率比鱼群分散的概率大。在场景 3 中，Ⅰ号进水口流速最大，为 1.03 m/s，Ⅱ号进水口的流速约为 0.51 m/s，Ⅲ号进水口的流速约为 0.08 m/s。由此可见，鱼群的偏好流速会对其集群行为产生显著影响，增加鱼类集群的概率，能够明显地诱导鱼类的集群行为。

4）场景 4

场景 4 中试验鱼群分散 266 次，重新集群 237 次。统计出鱼类集群与分散时各水力因子的最大值、平均值、最小值，如表 6.6 所示，绘制出水力因子的概率曲线图，如图 6.16 所示。结果显示，试验鱼发生集群行为和鱼群分散时的流速和雷诺应力呈现出显著差异。试验鱼发生鱼群分散时的水流流速、紊动能、雷诺应力平均值均比重新集群时大了 33.33%~66.67%，这说明过大的流速、紊动能和雷诺应力使鱼群分散。

由图 6.16 可以看出，试验鱼重新集群和鱼群分散时对应的流速概率分布曲线存在着明显不同的峰值，而紊动能和雷诺应力的概率分布曲线的峰值都在 0 附近。当流速为 1.3 m/s、紊动能和雷诺应力都为 0 左右时，试验鱼发生鱼群分散的概率最大。且当流速小于 0.5 m/s 时，试验鱼重新集群的概率几乎都比鱼群分散的概率大。当流速为 1~1.5 m/s 时，试验鱼群分散的概率远大于重新集群的概率。在场景 4 中，Ⅰ号进水口流速最大，为 1.53 m/s，Ⅱ号进水口的流速约为 0.57 m/s，Ⅲ号进水口的流速约为 0.09 m/s。由此可见，在有突进游泳速度的水流中，鱼群的偏好流速会进一步降低，更小的偏好流速会对其集群行为产生显著影响，增加鱼类集群的概率，从而诱导鱼类的集群行为，而大于临界游泳速度的水流会大概率使鱼群分散。

表 6.6　场景 4 鱼类集群与分散时对应的水力因子表

	流速/(m/s)*			紊动能/(m²/s²)			雷诺应力/Pa*		
	最大值	平均值	最小值	最大值	平均值	最小值	最大值	平均值	最小值
集群	1.46	0.57	0.02	0.026	0.009	0	2.63	0.54	0
分散	1.45	0.90	0.03	0.026	0.012	0	3.54	0.90	0

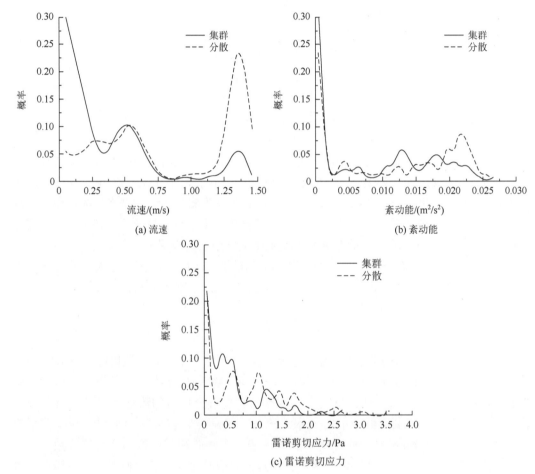

(a) 流速　　　　　　　　　　　　　　　(b) 紊动能

(c) 雷诺剪切应力

图 6.16　场景 4 鱼类集群与分散时对应的水力因子概率曲线图

3. 流速对集群形状的影响

　　将鱼群游泳模式与流速进行耦合，如图 6.17 所示，可以看出，鱼群的游泳模式中使用最多的队列和转向模式时的水流流速范围较为接近，分别为 0.24～0.28 m/s、0.24～0.29 m/s，而当鱼群的游泳模式为环绕和涌动模式时的水流流速范围较大，分别为 0.31～0.53 m/s、0.43～0.55 m/s。水流流速与鱼群的游泳模式密切相关，在较高水流流速（0.31～0.55 m/s）时鱼群倾向于采用环绕和涌动的游泳模式，而当水流流速较低（0.24～0.29 m/s）时，鱼群倾向于使用队列和转向的游泳模式。

　　鱼群的长度最长为 5.96 m，最短为 0.85 m，平均值为 1.32 m。宽度最长为 2.79 m，最短为 0.22 m，平均值为 0.51 m。将鱼群的长度和宽度与流速进行耦合，如图 6.17（b）所示。由图 6.17（b）可以看出，鱼群形状受水流流速的影响较大，利用皮尔逊相关性分析，鱼群的长度和宽度都与水流流速呈显著相关关系（$P<0.01$）。随着水流流速的减小（$0.16\sim0.30$ m/s），鱼群的形状会变长，而当水流流速变大时（$0.50\sim0.64$ m/s），鱼群的宽度则会增加。当水流流速为 $0.42\sim0.52$ m/s（即 0.46 m/s 附近）时，鱼群的长度和宽度均较小，此时集群形状为圆形或正方形，集群得最为紧凑。

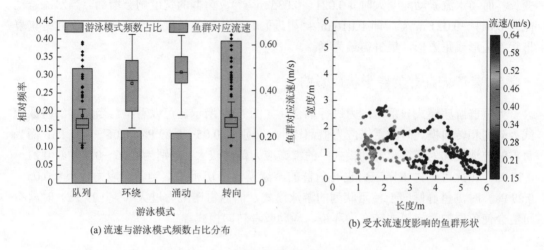

(a) 流速与游泳模式频数占比分布　　　(b) 受水流速度影响的鱼群形状

图 6.17　流速与集群形状关系图

4. 紊动能对集群形状的影响

　　将鱼群游泳模式与紊动能进行耦合，如图 6.18 所示，可以看出，当鱼群的游泳模式为队列和转向模式时的水流紊动能范围较为接近，都为 $0.003\sim0.007$ m²/s²，而当鱼群的

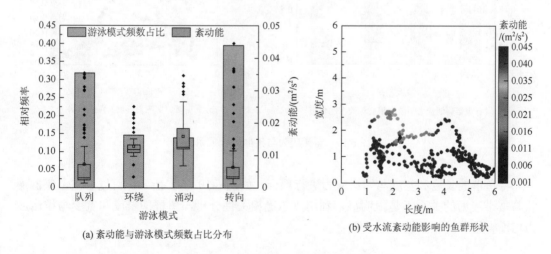

(a) 紊动能与游泳模式频数占比分布　　　(b) 受水流紊动能影响的鱼群形状

图 6.18　紊动能与集群形状关系图

游泳模式为环绕和涌动模式时的水流紊动能范围分别为 0.011～0.013 m²/s²、0.012～0.018 m²/s²。由此可见，水流紊动能与鱼群的游泳模式密切相关，在较高紊动能（0.011～0.018 m²/s²）时鱼群倾向于采用环绕和涌动的游泳模式，而当水流紊动能较低（0.003～0.007 m²/s²）时，鱼群倾向于采用队列和转向的游泳模式。

将鱼群的长度和宽度与紊动能进行耦合，如图 6.18（b）所示，可以看出，鱼群形状也受水流紊动能的影响较大，利用皮尔逊相关性分析，鱼群的长度和宽度都与水流紊动能呈显著相关关系（P<0.01）。随着水流紊动能的减小（<0.008 m²/s²），鱼群的形状会变长，而当水流紊动能变大时（0.021～0.035 m²/s²），鱼群的宽度则会增加。当水流紊动能为 0.011～0.021 m²/s²（即 0.016 m²/s² 附近）时，鱼群的长度和宽度均较小，此时集群形状为圆形或正方形，集群得最为紧凑。

5. 雷诺应力对集群形状的影响

将鱼群游泳模式与雷诺应力进行耦合，如图 6.19 所示，可以看出，当鱼群的游泳模式为队列和转向模式时的雷诺应力值都较小，分别为 0.05～0.29 Pa、0.06～0.51 Pa；而当鱼群的游泳模式为环绕和涌动模式时的雷诺应力范围较大，分别为 0.16～0.57 Pa、0.21～0.57 Pa。由此可见，雷诺应力也与鱼群的游泳模式密切相关，当雷诺应力较小（0.05～0.29 Pa）时，鱼群倾向于使用队列的游泳模式，而当雷诺应力过大（>0.29 Pa）时就有可能会使鱼群的游泳模式转变为环绕、涌动或者转向模式。

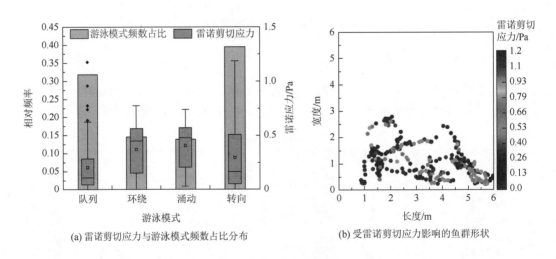

(a) 雷诺剪切应力与游泳模式频数占比分布　　　　(b) 受雷诺剪切应力影响的鱼群形状

图 6.19　雷诺应力与集群形状关系图

将鱼群的长度和宽度与雷诺应力进行耦合，如图 6.19（b）所示，可以看出，鱼群形状与雷诺应力的关系不是很明显，利用皮尔逊相关性分析，鱼群的长度和宽度与雷诺应力均没有显著的相关性。

6.4　基于生境适宜性评价的坝下集诱鱼流态

6.4.1　生境适宜性评价

在小流量时单一流速生境分析与多指标生境分析结果相似，均可用于坝下鱼类生境的预测，但随着流量的增大，多指标生境分析可以更加准确地预测坝下鱼类生境，能更好地反映出洄游鱼类真实的活动区域。因此，在得到了集诱鱼流态单个水力学因子的适宜性曲线的前提下，为了更好地反映出坝下集诱鱼流态的综合生境，将采用坝下集诱鱼流态生境适宜性值 CHSI 对研究区域集诱鱼流态进行三维生境适宜性评价。采用的公式如下：

$$\text{CHSI}_i = \begin{cases} 0, & \text{HSI}_i = 0 \\ w_{\text{vu}}\text{HSI}_{\text{v}i} + w_{\text{TKEu}}\text{HSI}_{\text{TKE}i} + w_{\text{Du}}\text{HSI}_{\text{D}i}, & \text{HSI}_i \neq 0 \end{cases} \tag{6.10}$$

式中，CHSI_i 为第 i 个网格单元的集诱鱼流态综合生境适宜性值；$\text{HSI}_{\text{v}i}$ 为第 i 个网格单元集诱鱼流态流速的生境适宜性值；$\text{HSI}_{\text{TKE}i}$ 为第 i 个网格单元集诱鱼流态紊动能的生境适宜性值；$\text{HSI}_{\text{D}i}$ 为第 i 个网格单元集诱鱼流态水深的生境适宜性值；w_{vu}、w_{TKEu}、w_{Du} 分别为流速、紊动能与水深所占权重。

在 20 世纪 70 年代，美国鱼类和野生动物保护中心提出的加权可利用体积（weighted usable volume，WUV）利用鱼类对水深、流速等水力学指标要求来综合评价生境的状况，但鱼类的活动范围具有三维空间属性，平面上的评价难以反映河流环境中真实的适宜水平。因此，本研究在此方法基础上，根据三维生境评价结果提出 WUV 的概念来描述研究区域内的适宜集诱鱼流态体积，以流速、紊动能、水深这三个水动力学因子作为适宜性评价的基础指标进行计算，以期能够在空间尺度上更加完整地评判适宜程度。同时通过水力生境适宜性指数（hydraulic habitat suitability，HHS）来描述一定流量水平下整个调查河段的综合生境适宜性。计算公式如下：

$$\text{WUV} = \sum_{i=1}^{n} \Delta V_i \times \text{SI}_i \tag{6.11}$$

$$\text{HHS} = \frac{1}{V_{\text{total}}} \text{WUV} \tag{6.12}$$

式中，WUV 为加权可利用体积（m^3）；HHS 为水力生境适宜性指数；ΔV_i 为第 i 个网格单元的体积（m^3）；SI_i 为第 i 个网格单元的生境适宜性值；V_{total} 为总液体体积（m^3）；n 为评价网格总数。

6.4.2　乌东德坝下集诱鱼流态评估

1. 运行场景 1：下泄流量为 2 665.07 m^3/s

当乌东德水电站下泄流量为 2 665.07 m^3/s，下游控制水位为 819.26 m 时，以流速和水深为评价因子针对坝下三维流场结果开展生境适宜性评价。选择七个典型断面展示，分别为 $X=1\,300$ m 集运鱼站附近所在断面及下游河道六个断面，评价结果如图 6.20 所示。整体来看，计算区域内存在适宜性的网格数量为 85 087 个，体积为 384 万 m³，其中适宜体积为 137 万 m³，占比为 35.68%。分断面来看，在 $X=1\,250\sim1\,940$ m 时，存在大面积综合生境适宜区域，其横向宽度为 80～220 m；在 $X=2\,050\sim2\,400$ m 时，受河道地形影响，过流断面束窄，此处综合生境适宜性较差，但在其左右岸边缘处仍存在部分综合生境适宜性评分不为 0 的区域，而坝下其余研究范围内综合生境适宜性呈现出从岸边向河道中间递减的趋势；在 $X=2\,450\sim2\,600$ m 时，在河道左右岸两侧存在综合生境适宜区域，其横向宽度为 20～80 m。综合可得，运行场景 1 条件下河道整体存在完整的上溯通道，在 $X=2\,050$ m 以下区域，鱼类可从河道两侧综合生境适宜区域上溯，在 $X=2\,050$ m 以上区域，鱼类可以自由选择河道任意位置上溯至集运鱼站附近。

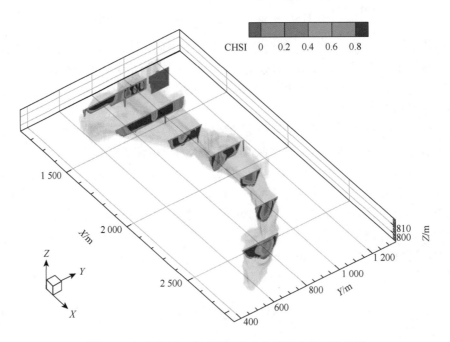

图 6.20　运行场景 1 典型断面综合生境适宜性评价结果

2. 运行场景 2：下泄流量为 5 941.7 m³/s

当乌东德水电站下泄流量为 5 941.7 m³/s，下游控制水位为 824.51 m 时，以流速和水深为评价因子针对坝下三维流场结果开展生境适宜性评价。选择了七个典型断面展示，分别为 $X=1\,300$ m 集运鱼站附近所在断面及下游河道六个断面，如图 6.21 所示。整体来看，运行场景 2 计算区域内存在适宜性的网格数量为 134 979 个，体积为 608 万 m³，其中适宜体积为 165 万 m³，占比为 27.14%。分断面来看，在 $X=1\,250\sim1\,940$ m 时，存在大面积综合生境适宜区域，其横向宽度为 80～230 m；在 $X=2\,050\sim2\,250$ m 时，受河道地形影响，过流断面束窄，此处综合生境适宜性较差，但在其左右岸边缘处仍存在部分综合生境适宜性评分不为 0 的区域，而坝下其余研究范围内综合生境适宜性呈现出从岸边向河道中间递减的趋势；在 $X = 2\,380 \sim 2\,600$ m 时，在河道左右岸两侧存在综合生境适宜区域，其横向宽度为 $20 \sim 60$ m。综合可得，运行场景 2 条件下河道整体存在完整的上溯通道，在 $X = 2\,050$ m 以下区域鱼类可以从河道两侧综合生境适宜区域上溯，在 $X = 2\,050$ m 以上区域鱼类可以自由选择河道任意位置上溯至集运鱼站附近。

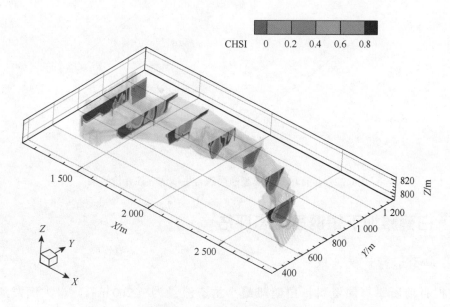

图 6.21　运行场景 2 典型断面综合生境适宜性评价结果

3. 运行场景 3：下泄流量为 3 480.93 m³/s

当乌东德水电站下泄流量为 3 480.93 m³/s，下游控制水位为 820.57 m 时，以流速和水深为评价因子针对坝下三维流场结果开展生境适宜性评价。选择了七个典型断面展示，分别为 $X = 1\,300$ m 集运鱼站附近所在断面及下游河道六个断面，运行场景 3 各典型断面综合生境适宜性评价结果如图 6.22 所示，整体来看运行场景 3 计算区域内存在适宜性的网格数量为 91 444 个，体积为 412 万 m³，其中适宜体积为 149 万 m³，占比为 36.17%。分断面来看，在 $X = 1\,250 \sim 1\,940$ m 时，存在大面积综合生境适宜区域，其横向宽度为 $60 \sim 210$ m；在 $X = 2\,050 \sim 2\,400$ m 时，受河道地形影响，过流断面束窄，此处综合生境适宜性较差，但在其左右岸边缘处仍存在部分综合生境适宜性评分不为 0 的区域，而坝下其余研究范围内综合生境适宜性呈现出从岸边向河道中间递减的趋势；在 $X = 2\,450 \sim 2\,600$ m 时，在河道左右岸两侧存在综合生境适宜区域，其横向宽度为 $20 \sim 90$ m。综合可得，运行场景 3 条件下河道整体存在完整的上溯通道，在 $X = 2\,050$ m 以下区域鱼类可从河道两侧综合生境适宜区域上溯，在 $X = 2\,050$ m 以上区域鱼类可以自由选择河道任意位置上溯至集运鱼站附近。

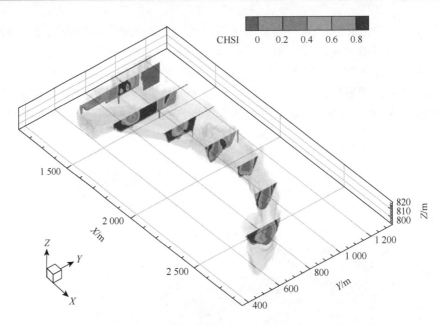

图 6.22　运行场景 3 典型断面综合生境适宜性评价结果

6.4.3　白鹤滩坝下集诱鱼流态评估

1. 典型运行场景选取

根据目前所掌握的资料，白鹤滩最小生态流量为 1 260 m³/s，最大满发流量为 8 763 m³/s；并综合考虑丰水年、平水年、枯水年三个代表年白鹤滩在过鱼季节的出库流量变化，其中丰水年、平水年、枯水年出库流量为 3 000～5 500 m³/s 的概率分别为 0.73、0.73、0.87，在此基础上选定了 3 个典型运行场景，如表 6.7 所示。

表 6.7　白鹤滩典型运行场景表

编号	运行机组	出库流量/(m³/s)	水位/m
运行场景 1	4 台机组最小流量	1 260	582
运行场景 2	6 台机组满发	3 286	586.24
运行场景 3	10 台机组满发	5 478	589.83

2. 运行场景 1：下泄流量为 1 260 m³/s

白鹤滩水电站下泄流量为 1 260 m³/s，下游控制水位为 582 m 时，运行场景 1 综合生境评价结果如图 6.23 所示，此时评价结果最上层为水下 1 m 平面的综合生境评价结果；在研究范围内综合生境评分呈现出从岸边向河道中间递减的趋势；整个河道左右岸均存在大面积连续的综合生境适宜区域，仅在 $X = -540 \sim -660$ m 范围内，由于水流本身较浅并且受到计算网格大小的限制，此处综合生境评分较低，但左右岸边缘处仍存在部分评分不为 0 的区域。以间隔 $\Delta X = 100\ \text{m}$ 取此条件下不同断面综合生境评价结果，如图 6.24 所示，整个河道大部分综合生境适宜区域均位于左右岸水体中底部，中底部集诱鱼流态为鱼类洄游与活动提供了大面积的范围。

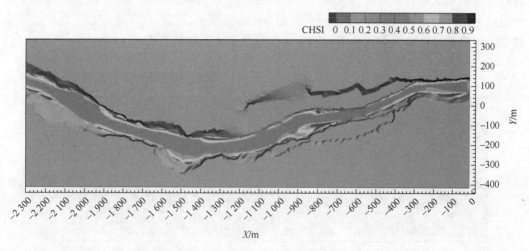

图 6.23　运行场景 1 综合生境评价结果

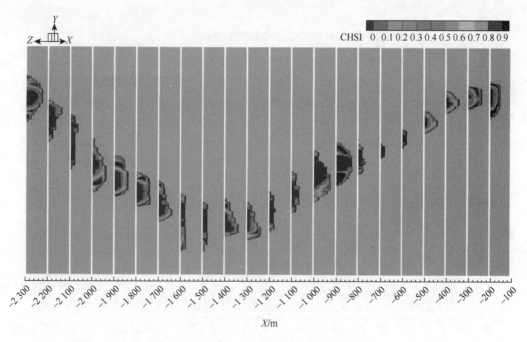

图 6.24　运行场景 1 不同断面综合生境评价结果

3. 运行场景 2：下泄流量为 3 286 m³/s

当白鹤滩水电站下泄流量为 3 286 m³/s，下游控制水位为 586.24 m 时，运行场景 2

综合生境评价结果如图 6.25 所示，此时评价结果最上层为水下 1 m 平面的综合生境评价结果；研究范围内综合生境评分呈现出从岸边向河道中间递减的趋势；整个河道左右岸均存在大面积连续的综合生境适宜区域，仅在 $X = -450 \sim -650$ m 范围内偏向左岸处综合生境评分较低，但左岸边缘处仍存在部分评分不为 0 的区域；在高程为 585 m 的平台处存在大面积带状综合生境适宜区域。以间隔 $\Delta X = 100$ m 取运行场景 2 不同断面综合生境评价结果，如图 6.26 所示，整个河道大部分综合生境适宜区域均位于河道左右岸水体中底部，中底部集诱鱼流态为鱼类洄游与活动提供了大面积的范围。

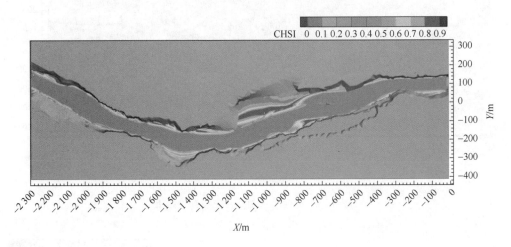

图 6.25　运行场景 2 综合生境评价结果

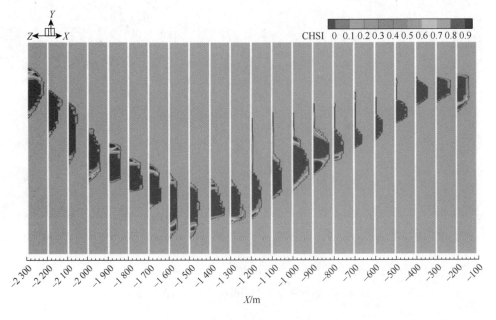

图 6.26　运行场景 2 不同断面综合生境评价结果

4. 运行场景 3：下泄流量为 5 478 m³/s

当白鹤滩水电站下泄流量为 5 478 m³/s，下游控制水位为 589.83 m 时，运行场景 3 综合生境评价结果如图 6.27 所示，此时评价结果最上层为水下 1 m 平面的综合生境评价结果；研究范围内综合生境评分呈现出从岸边向河道中间递减的趋势；整个河道左右岸均存在大面积连续的综合生境适宜区域；在高程为 585 m 的平台处存在大面积带状综合生境适宜区域。以间隔 $\Delta X = 100$ m 取运行场景 3 不同断面综合生境评价结果，如图 6.28 所示，整个河道大部分综合生境适宜区域均位于河道左右岸水体中底部，中底部集诱鱼流态为鱼类洄游与活动提供了大面积的范围。

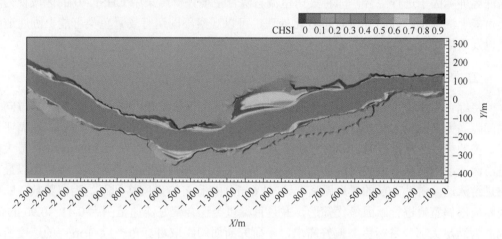

图 6.27　运行场景 3 综合生境评价结果

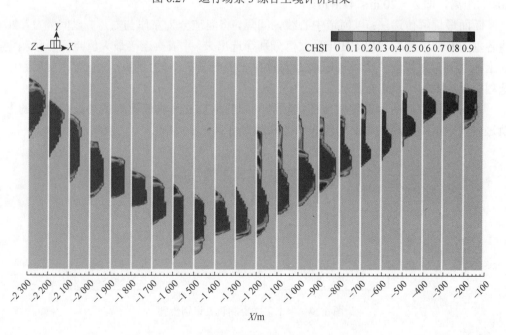

图 6.28　运行场景 3 不同断面综合生境评价结果

6.5　基于断面最优解传递的上溯轨迹预测

6.5.1　上溯轨迹预测方法

1. 可能上溯通道

鱼类上溯洄游过程中受众多的水力学因子影响，其中以流速、紊动能、水深等水力学因子影响最为显著，提出目标鱼类可能上溯通道模型，通过将河段中的流速、紊动能、水深等屏障因子进行综合，即将集诱鱼流态综合生境评价结果中 CHSI＞0 的区域视为鱼类可能上溯通道，并将其进行可视化处理，可以观察不同运行场景鱼类可能上溯通道路线以及通道是否连续。

2. 断面最优解传递法

将综合生境评价结果以矩阵化网格的形式呈现，评价结果网格中心值点在 X 方向上的间隔均为 2 m，在 Y 方向上的间隔均为 2.3 m，在 Z 方向上的间隔均为 2 m。在调研目标鱼类的突进游泳速度时，多篇文献结果表明其最大突进游泳速度为 2.08 m/s，在最大突进游泳速度的情况下鱼类可游动 20s；因此断面最优传递时断面间距应该小于鱼类以最大突进游泳速度游动 20s 的最远距离，即 41.6 m；由于 X 方向网格间距均为偶整数，断面间距应取偶整数进行断面最优筛选，并且目标鱼类综合偏好流速范围为 0.41～0.96 m/s，因此为满足大部分目标鱼类偏好需求，本研究断面间距取目标鱼类以 1 m/s 的速度游动 20s 的距离，即 $\varDelta = 20$ m＜41.6 m。

断面最优解传递法：以河道中心线为间隔，将河道分为左岸与右岸，以间隔 $\varDelta = 20$ m 将各垂向断面中的左右岸 CHSI 最大值分别筛选出来，并依次连接最大值点便可预测鱼类的上溯轨迹；如果同一个垂向断面上同时存在多个左右岸最大值点，应对比前后断面筛选相距最近的唯一点进行连接。

本研究将依靠断面最优解传递法预测得到的鱼类上溯轨迹视为鱼类最有可能的上溯轨迹；坝下鱼类上溯轨迹识别步骤如图 6.29 所示。

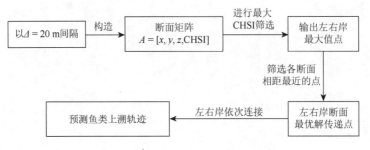

图 6.29　坝下鱼类上溯轨迹识别步骤

6.5.2　白鹤滩坝下鱼类上溯轨迹预测

1. 典型运行场景选取

根据目前所掌握的资料，白鹤滩最小生态流量为 1 260 m³/s，最大满发流量为 8 763 m³/s，因此选取的典型运行场景见表 6.7。

2. 运行场景 1：下泄流量为 1 260 m³/s

当白鹤滩水电站下泄流量为 1 260 m³/s，下游控制水位为 582 m 时，目标鱼类预测可能上溯通道如图 6.30 所示，蓝色部分为鱼类可能上溯通道，上溯通道连续分布于左右岸；并在 $X = -1\,100 \sim -1\,800$ m、$X = -1\,600 \sim -1\,900$ m 河道中底部区域也存在大面积的范围，可为鱼类活动与洄游提供空间；坝下左右岸的上溯通道范围为 $2 \sim 130$ m。

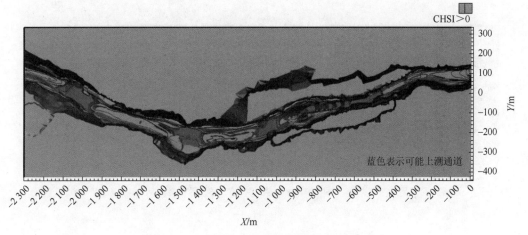

图 6.30　运行场景 1 目标鱼类预测可能上溯通道

该条件下坝下左右岸预测上溯通道与流场结合如图 6.31 所示；坝下左右岸预测上溯通道均靠近岸边，并沿中底层分布，通道避开流速大于 2 m/s 的区域；由于集鱼平台处鱼类上溯通道可能分布不集中，右岸预测上溯通道未完全经过集鱼平台处。

3. 运行场景 2：下泄流量为 3 286 m³/s

当白鹤滩水电站下泄流量为 3 286 m³/s，下游控制水位为 586.24 m 时，目标鱼类预测可能上溯通道如图 6.32 所示，蓝色部分为鱼类可能上溯通道，上溯通道连续分布于左右岸；并在高程为 585 m 的平台处也存在大面积的上溯通道，整个坝下左右岸的上溯通道范围为 $2 \sim 100$ m。

坝下左右岸预测上溯通道与流场结合如图 6.33 所示；坝下左右岸预测上溯通道大部分靠近岸边，并沿中底层分布，通道避开流速大于 2 m/s 的区域；右岸预测上溯通道在 $X = -800 \sim -1\,200$ m 附近时位于高程为 585 m 的平台处；集鱼平台处鱼类可能上溯通道分布集中，右岸预测上溯通道完全经过集鱼平台处。

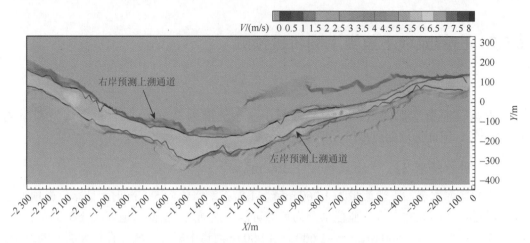

图6.31 运行场景1左右岸预测上溯通道

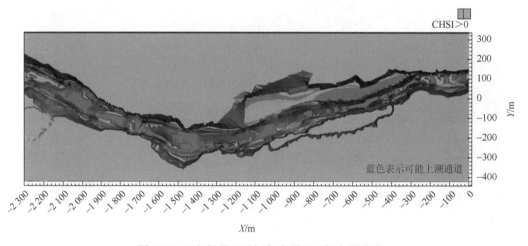

图6.32 运行场景2目标鱼类预测可能上溯通道

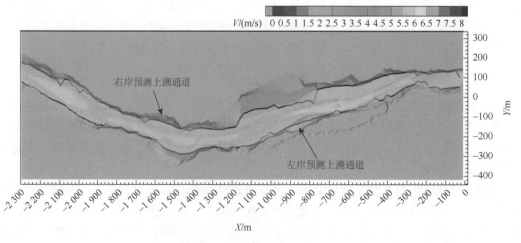

图6.33 运行场景2左右岸预测上溯通道

4. 运行场景 3：下泄流量为 5 478 m³/s

当白鹤滩水电站下泄流量为 5 478 m³/s，下游控制水位为 589.83 m 时，目标鱼类预测可能上溯通道如图 6.34 所示，蓝色部分为鱼类可能上溯通道，上溯通道连续分布于左右岸；并在高程为 585 m 的平台处也存在大面积的上溯通道，整个坝下左右岸的上溯通道范围为 2～135 m。

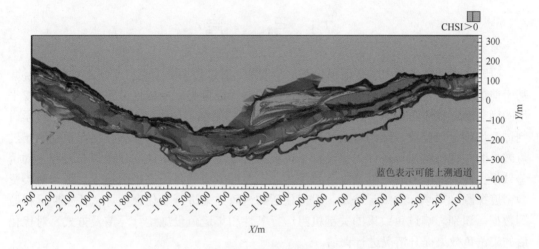

图 6.34　运行场景 3 目标鱼类预测可能上溯通道

运行场景 3 坝下左右岸预测上溯通道与流场结合如图 6.35 所示；坝下左右岸预测上溯通道大部分靠近岸边，并沿中底层分布，通道避开流速大于 2 m/s 的区域；右岸预测上溯通道在 $X = -700 \sim -1\,200$ m 附近时位于高程为 585 m 的平台处；集鱼平台处鱼类可能上溯通道分布集中，右岸预测上溯通道完全经过集鱼平台处。

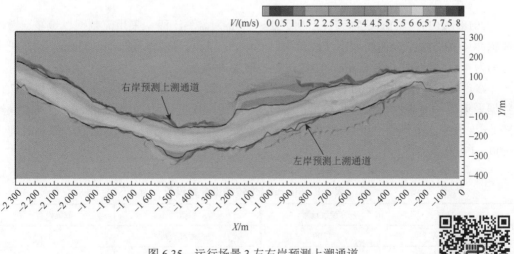

图 6.35　运行场景 3 左右岸预测上溯通道

〔扫一扫，见本章彩图〕

第7章 过鱼设施的监测及运行优化

7.1 引　言

研究结合三维水动力学数值模拟和原型观测,对过鱼期典型运行工况进行流态反演。基于前述构建的鱼类集群诱导适宜性条件,根据特征鱼类底栖习性,将平面二维加权平均的栖息地适宜性面积评价方法(WUA)进化至三维栖息地生境分析(WUV),科学研判过鱼设施进口位置、结构形式和补水方式的合理性。依托运行监测数据,识别影响过鱼效果的关键机组运行条件,优选坝下鱼类集群稳定、洄游路径吻合进口布设和主动诱鱼效果良好的调度方式,以调度改善诱鱼流态并形成集诱鱼流态塑造技术。结合鱼类资源密度探测和声学标志跟踪技术,对优化后的诱鱼效果进行量化评估。依托长期运行监测数据,识别影响过鱼效果的关键机组运行条件和集运鱼设施运行环节及方式,对优化后的集诱鱼效果提升情况进行评估。

7.2 乌东德水电站坝下生态监测

7.2.1 电站运行前坝下鱼类集群探测

1. 监测方法

2018~2019 年的渔获物调查以坝下 2~5 km 为监测江段,采用流刺网、地笼、撒网和脉冲 4 种方法结合捕捞坝下江段鱼类。其中,流刺网每网作业时间 30 min,地笼投放时间为 4 h,撒网时间为 5 min,沿江进行实时脉冲捕捞。

水声学调查采用 Simrad EY60 回声探测系统对调查水域进行探测,参数设置见表 7.1。数据采集前对回声探测仪进行校准。将设备的探头固定于船体左侧前舷,探头入水深约 50 cm,水平向下倾斜 30°。用 GPSmap 60CS 导航仪到达预设探测地点,探测时间为 9:00~17:00。

表 7.1 Simrad EY60 主要参数设置

参数	参数设置	参数	参数设置
功率/W	300	最大回波长度	1.2
脉冲持续时间/μs	64	时变增益	20LogR

续表

参数	参数设置	参数	参数设置
频率	最大	回波阈值/dB	−70
最小回波长度	0.8	文件大小/Mb	100

水声学数据采用 Sonar5 软件处理，数据文件格式转换主要参数设置为：回波阈值均设置为−70 dB。数据转换后，先自动找底，再手动去除河床底部树枝、石头等的影响，手动重新画出河床。然后，用交叉过滤方法对回波信号进行擦除噪声预处理，其中参数设置为：①前景过滤器，高：1，宽：3；②背景过滤器，高：55，宽：1，补偿：6；③跟踪长度，2～30 个发射信号；④目标光滑过滤器，高：1，宽：3。针对不同点位的调查结果，分析单位时间内通过鱼的数量，以及昼夜变动特点。对探测结果的鱼类目标强度（target signal，TS）进行统计，分别比较鱼类目标强度在单位时间段内的变动，以及昼夜差异。

2. 监测结果

1）乌东德水电站坝下 2 km 鱼类资源

乌东德水电站坝下 2 km 鱼类资源调查结果在前面已有相关描述（2.4.2 节），此处不再赘述。

2）乌东德水电站坝下 2 km 鱼类集群分布

（1）早期调查结果。

2018 年，乌东德水电站坝下江段设置了两个监测断面，分别是距坝 3.5 km 的增殖放流站断面 1 和距坝 2.5 km 的农地断面 2。断面 1 昼夜连续监测，断面 2 白天监测。共监测到鱼类 630 尾，平均每小时监测到 26.3 尾，43.75 个/(m³·h)（表 7.2）。

表 7.2　乌东德水电站坝下鱼类水声学监测概况

地点	日期	监测时间段	监测时长/h	监测目标数目/个
坝下 3.5 km（增殖放流站）	6 月 10 日	10 点～12 点	2	41
		12 点～14 点	2	50
		14 点～16 点	2	23
		16 点～18 点	2	54
		18 点～20 点	2	24
		21 点～23 点	2	52
		23 点～次日 1 点	2	72
	6 月 11 日	1 点～3 点	2	56
		3 点～5 点	2	24
		5 点～7 点	2	0
坝下 2.5 km（农地）	6 月 11 日	10 点 30～12 点 30	2	111
		12 点 30～14 点 30	2	123

①断面 1 鱼类数量单位时间变动情况。断面 1 共监测 20 h，鱼类数目是 396 尾，平均每小时 19.8 尾，30.61 个/(m³·h)。在 5 点～7 点，未直接监测到鱼类。不统计 5 点～7 点的数据，每小时监测资源量最高和最低的时间段分别位于 23 点～次日 1 点和 14 点～16 点，数值分别是 55.66 个/(m³·h) 和 17.78 个/(m³·h)，相差 37.88 个/(m³·h)。

②断面 1 鱼类数量昼夜变化。根据监测情况，10 点～18 点数据作为白天时段，共 8 h，监测到的鱼类数量为 168 尾，平均每小时 21 尾，32.46 个/(m³·h)；18 点～次日 5 点数据作为夜间时段，共 11 h，监测到的鱼类数量为 228 尾，平均每小时 20.73 尾，32.05 个/(m³·h)。夜间单位时间内监测到的鱼类数目多于白天（图 7.1）。

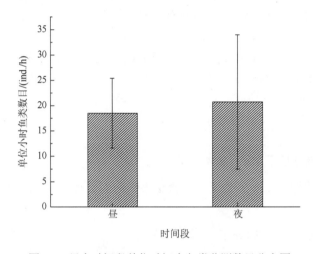

图 7.1　昼夜时间段单位时间内鱼类监测数目分布图

③断面 1 鱼类目标强度分布。断面 1 监测到的鱼类总数为 396 尾，鱼类目标强度的均值是（−56.76±7.14）dB，95% 置信区间是 −57.47～−56.05 dB，数据分布情况如图 7.2 所示。

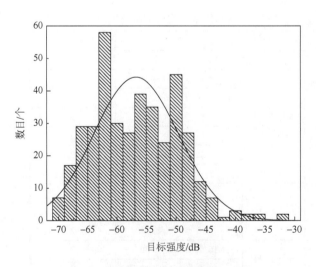

图 7.2　断面 1 鱼类目标强度分布图

④断面 1 不同时间段鱼类目标强度分布情况。10 点～12 点鱼类的目标强度平均值是（−51.30±2.94）dB，95%置信区间是−52.23～−50.38 dB；12 点～14 点鱼类的目标强度平均值是（−50.42±4.26）dB，95%置信区间是−51.64～−49.22 dB；14 点～16 点鱼类的目标强度平均值是（−49.014±3.94）dB，95%置信区间是−50.72～−47.31 dB；16 点～18 点鱼类的目标强度平均值是（−55.47±9.16）dB，95%置信区间是−57.97～−52.96 dB；18 点～20 点鱼类的目标强度平均值是（−57.12±4.07）dB，95%置信区间是−58.83～−55.40 dB；21 点～23 点鱼类的目标强度平均值是（−61.75±5.46）dB，95%置信区间是−63.27～−60.23 dB；23 点～次日 1 点鱼类的目标强度平均值是（−61.85±4.39）dB，95%置信区间是−62.87～−60.82 dB；1 点～3 点鱼类的目标强度平均值是（−59.04±6.07）dB，95%置信区间是−60.67～−57.42 dB；3 点～5 点鱼类的目标强度平均值是（−57.87±5.3）dB，95%置信区间是−60.11～−55.63 dB（图 7.3）。

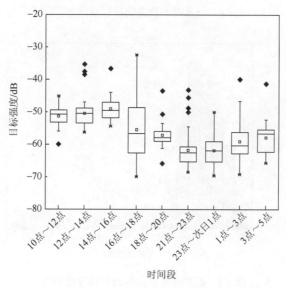

图 7.3　各时间段鱼类目标强度分布图

□为均值；◆为异常值，下同

⑤断面 1 昼夜时间段鱼类目标强度比较。白天监测到鱼类的目标强度平均值是（−52.07±6.49）dB，95%置信区间是−53.05～−51.08 dB；夜间监测到鱼类的目标强度平均值是（−60.22±5.4）dB，95%置信区间是−60.93～−59.51 dB。说明白天监测到的鱼类的平均体长大于夜晚监测到鱼类的平均体长（图 7.4）。

⑥断面 2 鱼类总体目标强度。断面 2 共监测到鱼 234 尾，鱼类的目标强度平均值为（−61.63±4.75）dB，95%置信区间是−62.24～−61.02 dB，数据分布情况如图 7.5 所示。

⑦断面 2 不同时间段鱼类目标强度分布。10 点 30～12 点 30 监测时长 2 h，共监测到鱼 111 尾，鱼类的目标强度平均值是（−61.46±4.25）dB，95%置信区间是−62.26～−60.66 dB；12 点 30～14 点 30 监测时长 2 h，共监测到鱼 123 尾，鱼类的目标强度平均值是（−61.79±5.18）dB，95%置信区间是−62.71～−60.86 dB（图 7.6）。

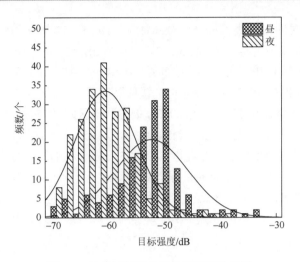

图 7.4 昼夜时间段鱼类目标强度分布图

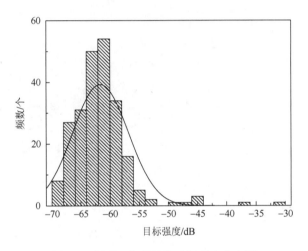

图 7.5 断面 2 鱼类总体目标强度分布图

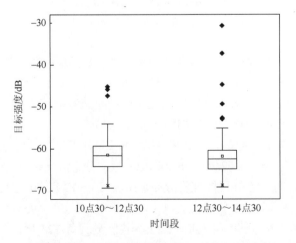

图 7.6 断面 2 不同时间段鱼类目标强度分布图

⑧断面 1 和断面 2 同时间段鱼类数目比较。在 10 点~14 点，单位时间断面 2 监测到鱼类的数目多于断面 1 监测到鱼类的数目。断面 1 每小时监测到鱼类的数目为 22.75 尾，断面 2 每小时监测到鱼类的数目为 58.5 尾（图 7.7）。

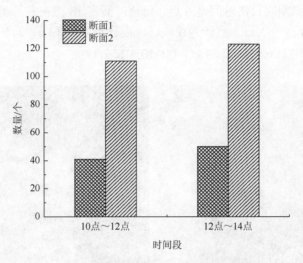

图 7.7 同时间段不同断面目标鱼类数目对比图

⑨断面 1 和断面 2 同时间段鱼类目标强度比较。10 点~12 点，断面 1 鱼类的目标强度平均值是（−51.30±2.94）dB；断面 2 鱼类的目标强度平均值是（−61.46±4.25）dB。12 点~14 点，断面 1 鱼类的目标强度平均值是（−50.42±4.26）dB；断面 2 鱼类的目标强度平均值是（−61.79±5.18）dB。断面 1 监测到鱼类的体长大于断面 2 监测到鱼类的体长（图 7.8）。

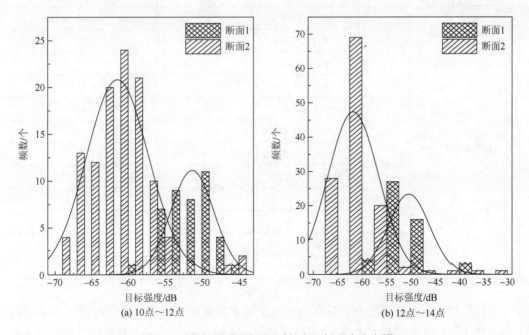

(a) 10 点~12 点　　　　　　(b) 12 点~14 点

图 7.8 断面 1 和断面 2 同时间段目标强度分布图

（2）复核调查结果。

为确认乌东德水电站坝下 2 km 范围内一年间的资源量变化，2019 年研究人员在乌东德水电站坝下设置了一个监测断面进行昼夜监测，监测断面为距坝 3.5 km 的增殖放流站断面（图 7.9）。监测期间日出时间是 6 点，日落时间在 18 点左右，因此本报告将 6 点～18 点计为白天，18 点～次日 6 点计为夜晚，昼夜分别监测 12 h。24 h 共监测鱼类数目为 519 尾，平均每小时 21.63 尾，33.44 个/(m³·h)（表 7.3）。

(a) 水下仪器布置图

(b) 岸边仪器布置图

图 7.9　乌东德水电站坝下鱼类水声学监测情况

表 7.3　乌东德水电站坝下鱼类水声学监测概况

地点	时间	监测时间段	监测时长/h	监测目标数目/个
乌东德水电站坝下 3.5 km（增殖放流站）	昼	10 点～12 点	2	24
		12 点～14 点	2	33
		14 点～16 点	2	29
		16 点～18 点	2	25
	夜	18 点～20 点	2	45
		20 点～22 点	2	36
		22 点～24 点	2	52
		24 点～次日 2 点	2	69
		2 点～4 点	2	65
		4 点～6 点	2	66
	昼	6 点～8 点	2	50
		8 点～10 点	2	25

①鱼类目标强度总体分布。乌东德水电站坝下共监测到鱼类信号 519 个，目标强度平均值是（−58.57±5.44）dB，95%置信区间是−59.04～−58.10 dB。目标强度频率分布曲

线右偏，偏度是 0.27，峰度是–0.66。监测到的最大目标强度是–45.57 dB，监测到的最小目标强度是–69.53 dB（图 7.10）。

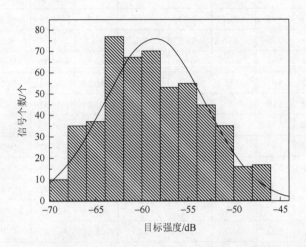

图 7.10　乌东德水电站坝下鱼类水声学监测目标强度分布图

②鱼类数目不同时间段变动情况。监测鱼类数目最多的时间段位于 24 点～次日 2 点、2 点～4 点和 4 点～6 点，监测鱼类数目最少的时间段位于 8 点～10 点、10 点～12 点和16 点～18 点。24 点～次日 2 点 2 h 共监测到鱼类 69 尾，10 点～12 点 2 h 共监测到鱼类24 尾。

③鱼类数目昼夜变化。根据监测情况，白天 23.96 个/(m³·h)；夜间 42.9 个/(m³·h)。夜间单位时间单位体积监测到的鱼类数目多于白天（图 7.11）。

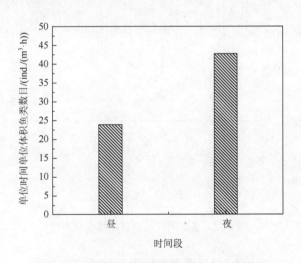

图 7.11　目标鱼类资源量昼夜分布对比图

④鱼类目标强度不同时间段分布。各时间段鱼类目标强度差异不大，最大值出现在 6点～8 点，最小值出现在 10 点～12 点。详细参数见表 7.4、图 7.12。

表 7.4　乌东德测点处各时间段监测到的鱼类目标强度

时间段	平均值/dB	标准差	偏度	峰度	变异系数	最小值/dB	下四分位数/dB	中值/dB	上四分位数/dB	最大值/dB
10 点～12 点	−56.79	4.71	−0.07	−0.72	−0.08	−65.46	−59.98	−56.25	−53.65	−48.56
12 点～14 点	−56.74	5.29	−0.06	−0.77	−0.09	−66.3	−60.57	−54.98	−52.74	−45.77
14 点～16 点	−59.32	5.67	0.10	−0.98	−0.10	−69.28	−63.75	−59.52	−55.24	−49.04
16 点～18 点	−57.32	5.81	0.36	−0.68	−0.10	−66.64	−62.61	−57.13	−53.21	−46.62
18 点～20 点	−56.22	5.09	0.23	−0.72	−0.09	−65.89	−59.65	−56.89	−52.57	−46.51
20 点～22 点	−57.18	5.45	−0.13	−0.74	−0.10	−67.8	−61.77	−56.60	−52.72	−46.68
22 点～0 点	−59.29	5.82	0.43	−0.56	−0.10	−68.46	−63.52	−59.70	−54.68	−46.22
0 点～次日 2 点	−58.59	5.32	0.26	−0.84	−0.09	−67.63	−62.49	−59.93	−54.53	−46.38
2 点～4 点	−58.26	6.24	0.17	−0.83	−0.11	−69.53	−62.72	−59.66	−53.50	−45.57
4 点～6 点	−59.56	3.97	0.68	1.45	−0.07	−68.74	−62.05	−59.75	−57.81	−46.51
6 点～8 点	−62.96	3.22	0.80	1.35	−0.05	−68.68	−65.41	−63.08	−61.28	−52.68
8 点～10 点	−57.22	5.32	−0.66	−0.32	−0.09	−68.52	−59.77	−55.92	−54.08	−49.56

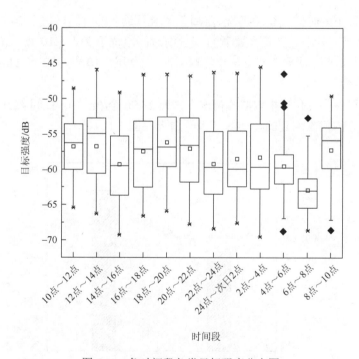

图 7.12　各时间段鱼类目标强度分布图

⑤鱼类目标强度昼夜比较。白天监测到鱼类目标强度的平均值是 (−58.96±5.46) dB，95%置信区间是−59.75～−58.17 dB；夜间监测到鱼类目标强度的平均值是 (−58.35±5.41) dB，95%置信区间是−58.94～−57.78 dB。昼夜监测到的鱼类目标强度差异不大，鱼类体长差异不大（图 7.13）。

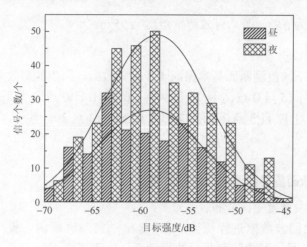

图 7.13　鱼类昼夜时段信号目标强度分布图

7.2.2　电站运行后坝下鱼类集群探测

1. 监测设置

1）监测点位

根据现场情况需要，选取两个点进行鱼类资源的监测，如图 7.14 所示，监测点 1 位于集鱼站进口处，监测点 2 位于集鱼站下游约 1 km 处的取水塔处。

图 7.14　监测点位与监测范围

2）监测范围

集鱼站进口：鱼探仪的波束宽度为 6.8°，平均有效测量距离为 8.5 m。下游监测断面：

鱼探仪的波束宽度为 6.9°，平均有效测量距离为 95 m。

3）监测时间

集鱼站进口与下游监测断面基本保证同步采集数据，同步的有效采集时间段为 6 月 14 日 17 点 30～6 月 15 日 0 点、6 月 15 日 9 点～6 月 16 日 0 点、6 月 16 日 2 点 30～3 点、6 月 16 日 9 点～6 月 17 日 3 点、6 月 17 日 6 点 30～13 点 30，共计 47 h。

2. 监测结果

1）不同监测断面鱼类资源的空间分布特征

（1）鱼类数目及密度空间分布。

对两个测点的回波数据进行统计，在 48 h 的监测时间内，集鱼站进口共得到约 60 万个鱼类回波信号，下游监测断面共得到近 480 万个鱼类回波信号。由于地理及水流条件限制，集鱼站进口平均有效测量距离约为 8.5 m，在下游监测断面达到 95 m 的有效测量距离，故虽然集鱼站进口的鱼类数目远小于下游监测断面，但鱼类密度略大于下游监测断面。

根据水流条件，将下游监测断面的监测区域划分为近岸回流区（10 m）、高流速区（75 m）以及远岸回流区（10 m）。由图 7.15 可知，该区域鱼类主要集中于高流速区，且高流速区鱼类密度明显大于回流区。

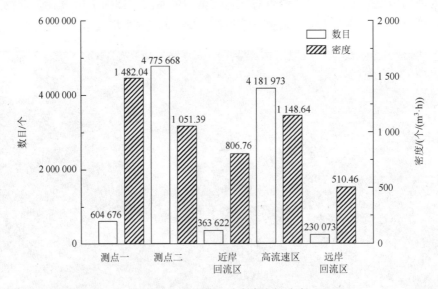

图 7.15　鱼类数目及密度空间分布

（2）鱼类目标强度空间分布。

以 5 dB 为一个基础单位，对监测到的鱼类目标强度分布进行统计得到相关分布情况。图 7.16 为不同鱼类目标强度的分布情况。

调查结果显示，两个测点呈现相似的鱼类目标强度分布，基本分布在–60～–25 dB，并且主要集中在–60～–45 dB。单体鱼目标强度大于–45 dB 的占比较少，约为 16%。表 7.5

为通过目标强度-体长经验公式 [TS = 19.1·log（L）–0.9·log（F）–62，其中 L 为鱼体长度，F 为鱼探仪发射频率] 换算得到的鱼类目标强度与体长换算关系表，可知测点区域主要分布体长为 10 cm 以下的鱼类。

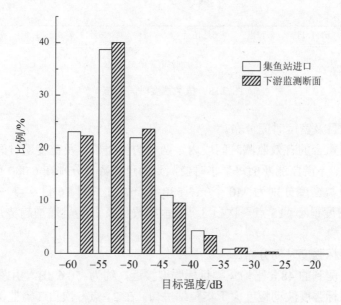

图 7.16　鱼类目标强度空间分布

表 7.5　鱼类目标强度与体长换算关系表

目标强度/dB	−60	−55	−50	−45	−40	−35	−30	−25	−20
体长/cm	1.63	2.98	5.45	9.97	18.21	33.27	60.79	111.07	202.95

2）不同监测断面鱼类资源的时间分布特征

根据回声积分方法对鱼类在不同时间段的活动情况进行统计。监测时间段为 6 月 13 日 19 点～6 月 17 日 13 点 30（部分时间段未监测），每 30 min 统计 1 次。图 7.17 和图 7.18 为调查得到的鱼类在此时间段的活动情况。

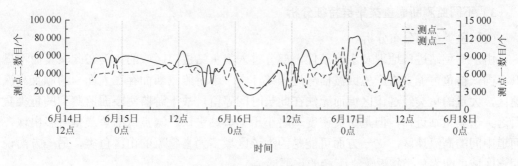

图 7.17　鱼类数目时间分布

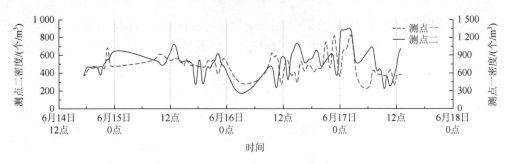

图7.18　鱼类密度时间分布

（1）鱼类数目及密度时间分布。

在两个测点重合的有效监测时间段内，两处的鱼类数目及密度随时间变化的趋势接近。集鱼站进口、下游监测断面每半小时监测到的鱼类数目分别在6 000个、50 000个左右波动，平均鱼类密度分别为740个/m、530个/m。在6月16日9点~15点，监测到的鱼类数目及密度最小。15点~次日3点，鱼类数目及密度呈递增趋势，并且在0点~2点达到峰值。

（2）鱼类目标强度时间分布。

两个测点监测到的48 h平均鱼类目标强度接近，约为–50.6 dB。由图7.19可知，下游监测断面的目标强度波动幅度大于集鱼站进口。在21点~次日3点监测到的鱼类目标强度达到一日之内的最小值，其余时间段内鱼类目标强度没有明显规律。

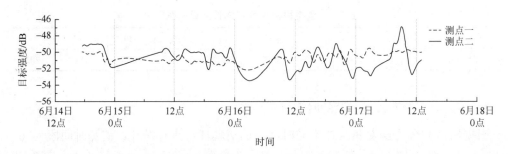

图7.19　鱼类目标强度时间分布

3）不同监测断面鱼类集群特征分析

（1）鱼类空间分布分析。

由于集鱼站进口地理及水流条件，部分进入集鱼站进口区域的鱼类在此聚集而不离开，同一群鱼可能多次产生回波信号进入统计中。下游监测断面存在大面积的顺直高流速区，大量的鱼类经过该区域而无法在此长时间停留，故下游监测断面监测到的鱼类数目远大于集鱼站进口，但是鱼类密度却略小于集鱼站进口。测点二的鱼类信号多出现在河道中间的高流速区，这一方面可能是因为该区域多为喜急流的山区鱼类，另一方面说明该区域可能为鱼类往返于上下游的重要通道。

测点区域位于金沙江干流，常见种类有短须裂腹鱼、云南盘鮈、中华沙鳅等，多为体长 10 cm 以下的鱼类，与测量结果的目标强度分布较为吻合。另外，过度捕捞、环境污染和水电站建设可能也是鱼类个体小型化的影响因素。

（2）鱼类时间分布分析。

根据监测结果，鱼类数目及密度在每天的深夜时间段达到顶峰，而该时间段内的平均鱼类体长却为最小值，说明小型鱼类在该时间段的活动最为频繁。光照强度可能是导致这个现象的原因之一，由于白天光照强度大，捕食者的视野范围更大，小型鱼类存在更高的被捕食风险，小型鱼类多在夜晚进行觅食活动。除此之外，温度、溶解氧等其他影响因素也有待进一步研究。

3. 运行耦合

根据监测期电站运行调度情况，选取了监测期波峰及波谷流量两个典型运行场景进行三维数值模拟，以便分析电站运行条件与鱼类资源分布的关系。生态监测数值模拟典型运行场景如表 7.6 所示。

表 7.6　生态监测数值模拟典型运行场景

场景	流量/（m³/s）	水位/m	备注
运行场景 1	5 269.49	822.75	监测期波峰流量
运行场景 2	1 382.53	816.23	监测期波谷流量

波峰流量数值模拟三维流场结果如图 7.20 所示。由图可知，河道主流受地形约束，左岸尾水洞出水顺河道流向下游，右岸尾水洞出水先沿河道横向流出，随后顺地势转向

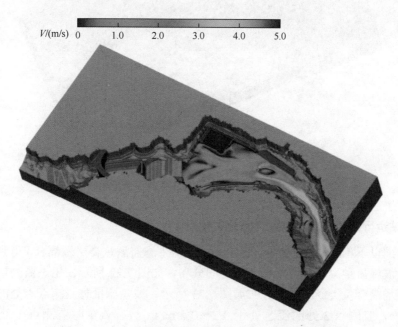

图 7.20　生态监测期波峰流量数值模拟三维流场结果图

流向下游。主流整体平顺，基本处于河道中间，在 $X = 2\,200\ \text{m}$ 附近河道转向，主流靠向左岸。波峰运行场景主流流速处于 $1\sim3.5\ \text{m/s}$，最大流速约为 $4.2\ \text{m/s}$，最大流速出现在 $X = 2\,800\ \text{m}$ 研究区域末端附近。在集运鱼站附近即 $X = 1\,300\ \text{m}$ 处，流速处于 $0.8\sim1.5\ \text{m/s}$。靠近尾水洞 $X = 1\,250\sim1\,750\ \text{m}$ 区域内存在大范围的低流速区及低流速回流区，其横向宽度为 $60\sim200\ \text{m}$。随着下游河道束窄，过流断面减小，下游主流流速增大，在 $X = 1\,800\ \text{m}$ 之后低流速区仅存在于河道两侧，横向宽度为 $5\sim35\ \text{m}$。

波谷流量数值模拟三维流场结果如图 7.21 所示。由图可知，河道主流受地形约束，左岸尾水洞出水顺河道流向下游，右岸尾水洞出水先沿河道横向流出，随后顺地势转向流向下游。主流整体平顺，基本处于河道中间，在 $X = 2\,200\ \text{m}$ 附近河道转向，主流靠向左岸。波谷运行场景主流流速处于 $0.2\sim1\ \text{m/s}$，最大流速约为 $3.5\ \text{m/s}$，最大流速出现在 $X = 1\,500\ \text{m}$ 及 $X = 2\,800\ \text{m}$ 研究区域末端附近。在集运鱼站附近即 $X = 1\,300\ \text{m}$ 处，流速处于 $0.8\sim1.2\ \text{m/s}$。靠近尾水洞 $X = 1\,250\sim1\,850\ \text{m}$ 区域内存在大范围的低流速区及低流速回流区，其横向宽度为 $90\sim220\ \text{m}$。随着下游河道束窄，过流断面减小，下游主流流速增大，在 $X = 1\,900\ \text{m}$ 之后低流速区仅存在于河道两侧，横向宽度为 $5\sim50\ \text{m}$。

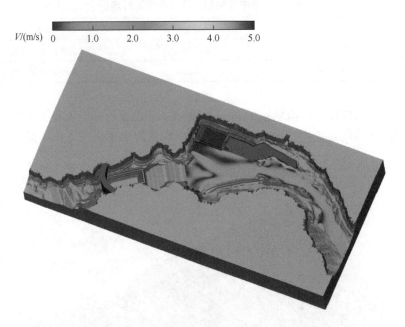

图 7.21　生态监测期波谷流量数值模拟三维流场结果图

1）电站运行条件与鱼类资源空间分布关系

提取水面以下 $1.5\ \text{m}$ 流场数据，将流场分布与生态监测鱼类资源耦合，得到生态监测期电站运行波峰流量流场耦合鱼类资源空间分布，如图 7.22 所示，生态监测期电站运行波谷流量流场耦合鱼类资源空间分布如图 7.23 所示。波峰流量时监测点 1 处的流速处于 $0.8\sim1.5\ \text{m/s}$，监测点 2 处的流速处于 $0.2\sim3.5\ \text{m/s}$。波谷流量时监测点 1 处的流速处于 $0.2\sim1\ \text{m/s}$，监测点 2 处的流速处于 $0\sim1.5\ \text{m/s}$。波峰流量时监测点 1 鱼类数目约为

7 000 个，监测点 2 鱼类数目约为 50 000 个，波谷流量时监测点 1 鱼类数目约为 4 500 个，监测点 2 鱼类数目约为 35 000 个，两个测点在波峰时的鱼类资源量均要多于波谷时。鱼类体长分布在波峰、波谷流量时没有明显差异，均处于 5～30 cm。

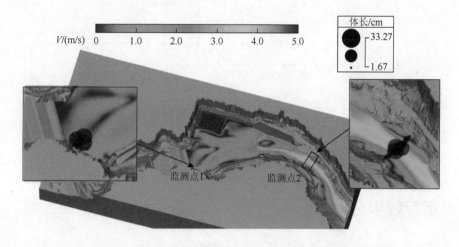

图 7.22　波峰流量流场耦合鱼类资源空间分布图

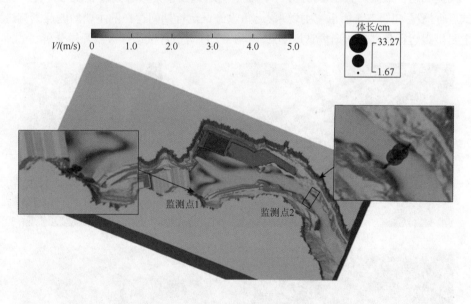

图 7.23　波谷流量流场耦合鱼类资源空间分布图

2）电站运行条件与鱼类资源时间分布关系

提取监测点 2 断面处的平均流速，将流速分布与生态监测鱼类资源耦合，得到生态监测期坝下流速耦合鱼类数目时间分布，如图 7.24 所示。生态监测期监测断面平均流速处于 0.96～2.61 m/s，鱼类数目在 1 000～70 000 个。由图可知，高流速时探测到的鱼类资源量要多于低流速时。鱼类资源量夜间略高于白天。

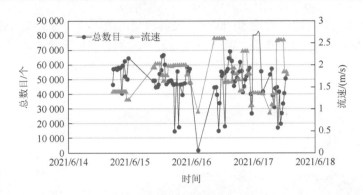

图 7.24　流速耦合鱼类数目时间分布图

7.3　乌东德水电站过鱼设施运行及效果评价

7.3.1　运行效果分析

　　乌东德水电站集运鱼设施自 2021 年 4 月开始试运行，利用 7、8#机组尾水引流，生态调度等方式提高运行效果。截至 2021 年 7 月底，集运鱼设施集鱼总数超过 20 000 尾，集运鱼设施试运行概况如图 7.25 所示，为找到集运鱼设施试运行期间存在的主要问题及影响过鱼效果的主要机组运行条件，本研究选取 2021 年 6~7 月两个月试运行数据开展分析。

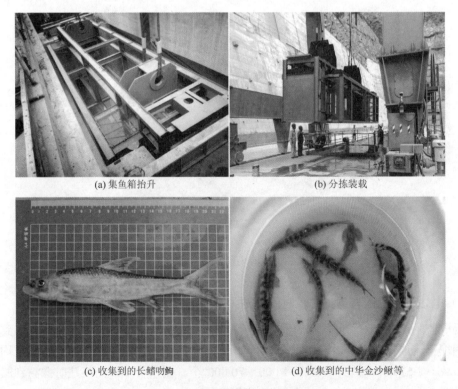

(a) 集鱼箱抬升　　　　　　　　　　　　(b) 分拣装载

(c) 收集到的长鳍吻鮈　　　　　　　　　(d) 收集到的中华金沙鳅等

图 7.25　集运鱼设施试运行概况

在为期两个月的运行监测中，集运鱼设施共收集到 43 种、24 282 尾鱼，单日集鱼数量最多出现在 7 月 3 日的 1 914 尾，6、7 月逐日集鱼数量如图 7.26 所示。从集鱼种类来看，中华沙鳅最多，数量为 22 738 尾，占比为 93.64%，其次为云南盘鮈，数量为 495 尾，占比为 2.04%，6、7 月集鱼种类分布如表 7.7 所示。

由图 7.26 可知，集运鱼设施日集鱼数量差异明显，其中日集鱼数量最多为 1 914 尾，最少为 0 尾。由表 7.7 可知，集运鱼设施集鱼种类高度集中，以中华沙鳅为主，对于主要过鱼对象（圆口铜鱼）在两个月内仅集到 1 尾。因此，乌东德水电站集运鱼设施试运行期间主要存在如下两大问题：①集鱼效果不稳定，日集鱼数量差异大；②集鱼种类单一，高度集中于中华沙鳅，对主要过鱼对象（圆口铜鱼等）保护效果不显著。

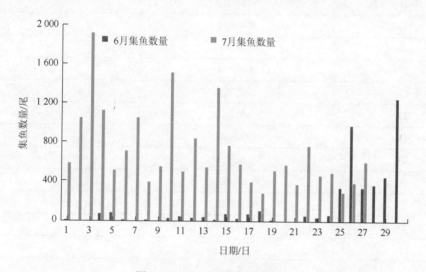

图 7.26　6、7 月逐日集鱼数量

表 7.7　6、7 月集鱼种类分布表

序号	种类	数量/尾
1	中华沙鳅	22 738
2	云南盘鮈	495
3	犁头鳅	321
4	泉水鱼	150
5	中华金沙鳅	99
6	张氏𩾦	85
7	长薄鳅	76
8	长鳍吻鮈	69
9	墨头鱼	37
10	宽鳍鱲	37
11	昆明裂腹鱼	22

续表

序号	种类	数量/尾
12	细鳞裂腹鱼	17
13	青石爬鮡	11
14	短须裂腹鱼	10
15	四川华吸鳅	10
16	四川白甲鱼	8
17	华鲮	8
18	齐口裂腹鱼	8
19	黄石爬鮡	6
20	银鱼	6
21	圆筒吻鉤	6
22	红尾条鳅	5
23	鲇鱼	5
24	凹尾拟鲿	5
25	鲈鲤	5
26	钝吻棒花鱼	4
27	红尾副鳅	4
28	鲫鱼	4
29	鳡鲅	4
30	草鱼	3
31	短须颌须鉤	3
32	短体荷马条鳅	3
33	岩原鲤	3
34	棒花鉤	2
35	麦穗鱼	2
36	马口鱼	2
37	斑纹薄鳅	2
38	长丝裂腹鱼	2
39	鰕虎鱼	1
40	西昌华吸鳅	1
41	中华纹胸鮡	1
42	宽体沙鳅	1
43	圆口铜鱼	1
	合计	24 282

7.3.2　集诱鱼条件分析

1. Spearman 相关分析法

电站下泄流量影响坝下流场及水力生境条件分布，从而对鱼类集群洄游产生影响。除流量外，乌东德水电站尾水集鱼站位于 7、8#机组尾水出口处，采用尾水引流方式吸引鱼类上溯，因此 7、8#机组的运行流量及时长对集运鱼设施运行效果也会有所影响。在已有机组运行资料中选择电站全机组下泄流量，对集鱼站侧 7、8#机组下泄流量，集鱼站侧 7、8#机组运行时长与集鱼数量进行相关分析。乌东德水电站集运鱼设施仅白天运行，考虑流量过程进一步细化指标筛选确定了全机组全天平均流量、全天波峰流量、全天波谷流量、昼间平均流量、昼间波峰流量、昼间波谷流量共 6 个流量指标及集鱼站侧 7、8#机组全天运行时长、昼间运行时长共 2 个时间指标。

相关分析是研究现象之间是否存在某种依存关系，并对具体有依存关系的现象探讨其相关方向及相关程度，研究随机变量之间的相关关系的一种统计方法。根据集鱼数量与运行条件分布关系确定其为线性相关，线性相关分析研究两个变量间线性关系的程度，用相关系数 r 来描述，具体 r 的取值范围与相关性见表 7.8。根据数据分布及实际情况，选择 Spearman 相关分析法计算集鱼数量与机组运行条件之间的相关关系。为保证相关性的准确性，采用 sig 双尾显著性检验其相关性。

表 7.8　r 取值范围与相关性

r 取值范围	$0.8 \leq |r| \leq 1.0$	$0.6 \leq |r| < 0.8$	$0.4 \leq |r| < 0.6$	$0.2 \leq |r| < 0.4$	$0 \leq |r| < 0.2$
相关性	极强相关	强相关	中等强度相关	弱相关	极弱或无相关

2. 运行条件相关性识别

1）全机组流量与集鱼效果相关性分析

全机组各流量指标与集鱼效果相关性分析结果如表 7.9 所示，从表中可以看到，6 月全机组 10 h 平均流量与集鱼效果相关性最好，相关系数为 0.689，处于强相关，双尾显著性检验小于 0.01。7 月集鱼数量与全机组各流量指标之间的相关程度方面，除 24 h 波谷流量与 10 h 波谷流量高于 6 月外，其余指标均低于 6 月，7 月全机组 10 h 波谷流量与集鱼效果相关性最好，相关系数为 0.584，处于中等强度相关，双尾显著性检验小于 0.01。6、7 月集鱼数量与全机组流量变化趋势如图 7.27、图 7.28 所示。

表 7.9　全机组各流量指标与集鱼效果相关性分析结果

流量指标	24 h 平均流量	24 h 波峰流量	24 h 波谷流量	10 h 平均流量	10 h 波峰流量	10 h 波谷流量
相关系数（6 月）	0.613**	0.603**	0.222	0.689**	0.559	0.447*
相关系数（7 月）	0.415*	−0.114	0.316	0.388*	−0.131	0.584**

注：*表示 sig 双尾小于 0.05，**表示 sig 双尾小于 0.01。

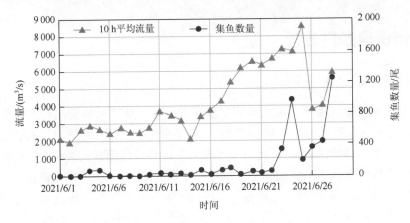

图 7.27　6 月集鱼数量与全机组流量变化趋势

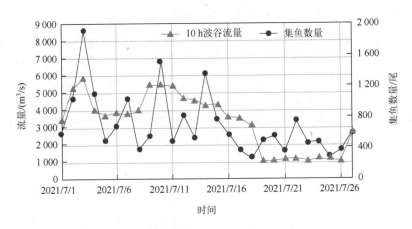

图 7.28　7 月集鱼数量与全机组流量变化趋势

2）集鱼站附近 7、8#机组流量与集鱼效果相关性分析

集鱼站附近 7、8#机组各流量指标与集鱼效果相关性分析结果如表 7.10 所示。从表中可以看到，6 月集鱼站附近 7、8#机组 10 h 平均流量与集鱼效果相关性最好，相关系数为 0.712，处于强相关，双尾显著性检验小于 0.01。7 月集鱼数量与集鱼站附近 7、8#机组各流量指标的相关程度方面，除 24 h 波谷流量比 6 月高外，其余指标均低于 6 月，7 月集鱼数量与集鱼站附近 7、8#机组 10 h 波谷流量与集鱼效果相关性最好，相关系数为 0.577，处于中等强度相关，双尾显著性检验小于 0.01。6、7 月集鱼数量与集鱼站附近 7、8#机组流量变化趋势如图 7.29、图 7.30 所示。

表 7.10　集鱼站附近 7、8#机组各流量指标与集鱼效果相关性分析结果

流量指标	24 h 平均流量	24 h 波峰流量	24 h 波谷流量	10 h 平均流量	10 h 波峰流量	10 h 波谷流量
相关系数（6 月）	0.634**	0.626**	0.215	0.712**	0.657**	0.699**
相关系数（7 月）	0.406*	−0.023	0.357	0.336*	0.001	0.577**

注：*表示 sig 双尾小于 0.05，**表示 sig 双尾小于 0.01。

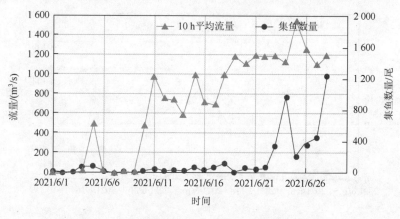

图 7.29　6 月集鱼数量与 7、8#机组流量变化趋势

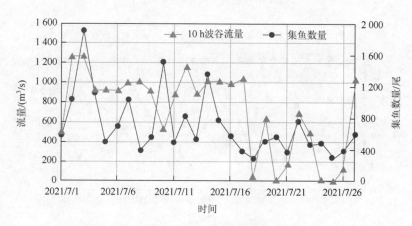

图 7.30　7 月集鱼数量与 7、8#机组流量变化趋势

3）集鱼站附近 7、8#机组运行时长与集鱼效果相关性分析

集鱼站附近 7、8#机组运行时长与集鱼效果相关性分析结果如表 7.11 所示。从表中可以看到，6 月集鱼站附近 7、8#机组 10 h 运行时长与集鱼效果相关性最好，相关系数为0.731，处于强相关，双尾显著性检验小于 0.01。7 月集鱼数量与集鱼站附近 7、8#机组运行时长各指标之间的相关程度方面，除 24 h 覆盖时长比 6 月高外，其余指标均低于6 月，7 月集鱼站附近 7、8#机组 24 h 覆盖时长相关性最好，相关系数为 0.459，处于中等强度相关，双尾显著性检验小于 0.05。6、7 月集鱼数量与集鱼站附近 7、8#机组运行时长变化趋势如图 7.31、图 7.32 所示。

表 7.11　集鱼站附近 7、8#机组运行时长与集鱼效果相关性分析结果

时长指标	24 h 运行时长	10 h 运行时长	24 h 覆盖时长	10 h 覆盖时长
相关系数（6 月）	0.632**	0.731**	0.441*	0.666**
相关系数（7 月）	0.415*	0.417*	0.459*	0.272

注：*表示 sig 双尾小于 0.05，**表示 sig 双尾小于 0.01。

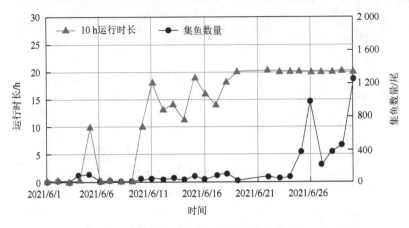

图 7.31　6 月集鱼数量与 7、8#机组运行时长变化趋势

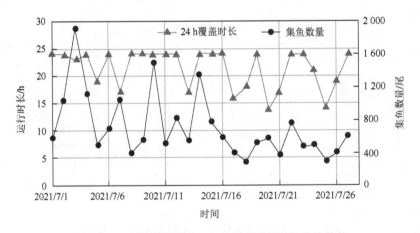

图 7.32　7 月集鱼数量与 7、8#机组运行时长变化趋势

7.3.3　运行调度优化建议

　　为解决乌东德水电站集运鱼设施试运行期间存在的主要问题，改善其运行效果，本研究在相关性分析、生境评价及生态监测的基础上提出集运鱼设施及机组在过鱼期的优化建议。其中相关性分析识别了影响集鱼效果的主要机组运行条件，通过生境评价得到了机组运行条件对集鱼效果的影响机制，生态监测则揭示了鱼类资源时空分布及鱼类活动规律。

　　在不改变电站机组日下泄总量的原则上提出优化建议，主要包括：①机组运行条件优化，根据相关性分析识别的机组运行条件开展机组下泄流量及发电流量过程优化，目的是通过调整 7、8#机组下泄流量及昼夜流量过程改善坝下生境条件，提高集运鱼设施运行效果；②集运鱼设施运行时段优化，生态监测结果揭示了鱼类活动的昼夜规律，集运鱼设施仅在白天运行存在集鱼种类高度集中的问题，根据鱼类昼夜行为节律差异开展夜间试运行可能会使鲫鱼种类数目增加；③机组运行时长优化，相关性分析发现集鱼数量与 7、8#机组昼间运行时长相关性最好，7、8#机组处于常开机状态可以更好地发挥机组引流作用，有利于提高对鱼类的吸引，进而改善集鱼效果。

1. 机组运行条件优化建议

为合理提出机组下泄流量优化建议，本节结合运行调度数据及相关分析结果，在保证乌东德水电站日下泄流量总值不变的前提下提出了如下两种优化方案：①集鱼站侧 7、8#机组下泄流量优化；②发电流量过程优化。

1）集鱼站侧 7、8#机组下泄流量优化

相关分析得到集运鱼设施运行效果与 7、8#机组昼间下泄流量处于强相关（相关系数 $r = 0.712**$）。根据运行调度数据可知，原方案运行时 7、8#机组处于关机状态，因此提出机组下泄流量优化：保持电站下泄总量及过程不变，左岸机组下泄流量部分调整到集鱼站侧 7、8#机组下泄，具体优化流量分配如表 7.12 所示。

表 7.12 优化方案各机组流量分配表

方案	总下泄流量/(m³/s)	左岸尾水洞流量/(m³/s)			右岸尾水洞流量/(m³/s)		
		1、2#机组	3、4#机组	5、6#机组	7、8#机组	9、10#机组	11、12#机组
原方案	2 665.07	533.01	533.01	1 006.03	0	533.01	0
优化方案	2 665.07	533.01	533.01	533.01	533.01	533.01	0

优化方案下泄流量为 2 665.07 m³/s，下游控制水位为 819.26 m，原方案及优化方案坝下流速分布如图 7.33 和图 7.34 所示。对比可知，优化方案主要改善了集鱼站入口附近的流场分布，原方案集鱼站入口附近流速处于 0.5～1 m/s，优化方案集鱼站入口附近流速处于 0.7～1.4 m/s。原方案集鱼站入口左侧存在低流速回流区，宽度为 30～80 m，鱼类易在此处迷失方向，而优化方案集鱼站侧 7、8#机组出水，形成了良好的集诱鱼流速条件。

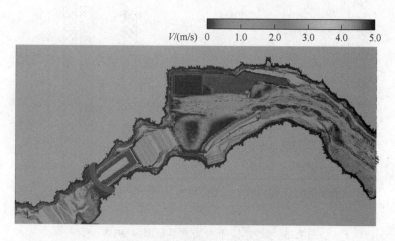

图 7.33 原方案坝下流速分布图

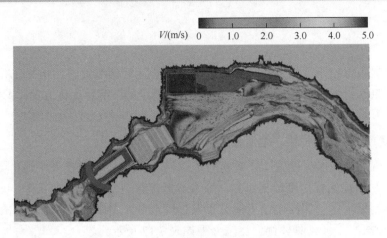

图 7.34　优化方案坝下流速分布图

对优化方案开展生境评价及分析，原方案与优化方案各范围内 WUV 统计如图 7.35
所示，原方案与优化方案集鱼站附近三维生境评价结果对比如图 7.36 所示。整体上，
优化方案计算区域内加权可利用体积为 152 万 m³，占比为 40%，相比原方案 WUV
提升了 11%。由图可知，优化方案对集鱼站入口生境条件提升效果显著，CHSI>0.6
区域明显增加，集鱼站入口各范围内 WUV 提升均超过 30%，以 $R = 400$ m 为例，优
化方案加权可利用体积为 133.73 万 m³，占比为 75%，相比原方案 WUV 提升了 40%，
优化方案坝下洄游通道完整且集鱼站入口生境条件最优，目标鱼类易识别并进入集
鱼站。

综上所述，7、8#机组下泄流量优化方案改善了坝下生境条件分布，相比原方案为目
标鱼类营造了更好的洄游上溯条件，有利于提高集运鱼设施运行效果。

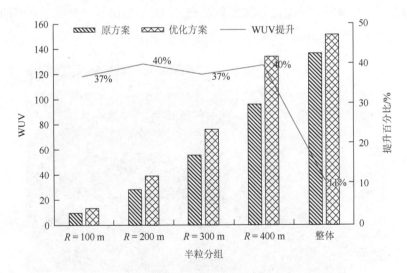

图 7.35　原方案与优化方案各范围内 WUV 统计

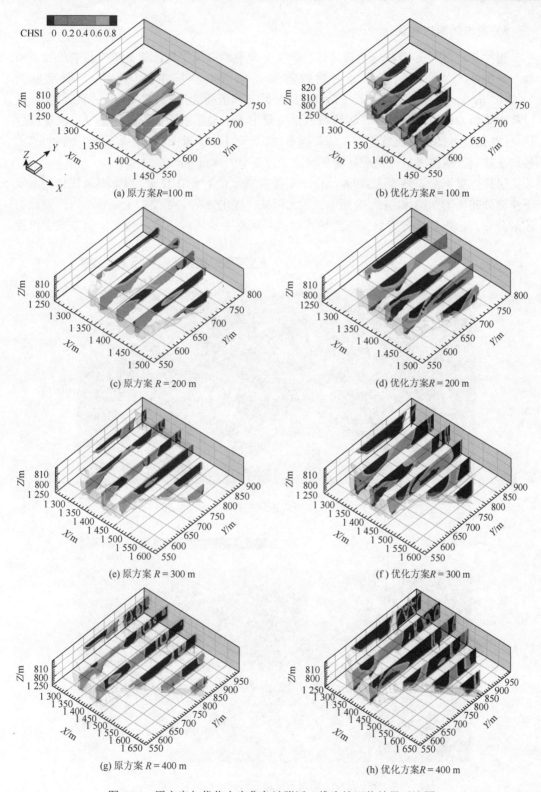

图 7.36 原方案与优化方案集鱼站附近三维生境评价结果对比图

2）发电流量过程优化

相关分析得到 6 月集运鱼设施运行效果与全机组昼间平均流量处于强相关（相关系数 $r = 0.689**$），根据运行调度数据可知，原方案全机组昼间平均下泄流量为 2 665.07 m³/s，部分流量在夜间下泄，夜间平均下泄流量为 1 831.89 m³/s，而在这种流量过程中集鱼站附近生境条件在各典型流量情景中处于最差水平，因此提出发电流量过程优化：在保证电站日下泄总量不变的前提下，将全天发电下泄流量除生态流量（1 160 m³/s）外均在昼间下泄完成，优化后昼间平均流量为 3 349.64 m³/s。

优化方案下泄流量为 3 349.64 m³/s，下游控制水位为 820.02 m，原方案及优化方案坝下流速分布如图 7.37 和图 7.38 所示。对比可知，优化方案主要改善了集鱼站入口附近的流场分布，由于优化方案昼间下泄流量增大，河道主流流速也有所增大，原方案主流流

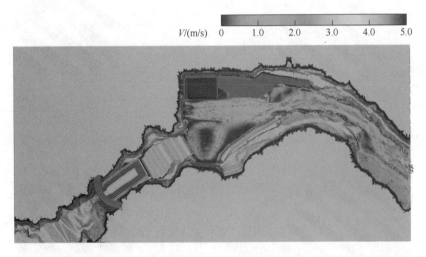

图 7.37　原方案坝下流速分布图（优化发电量）

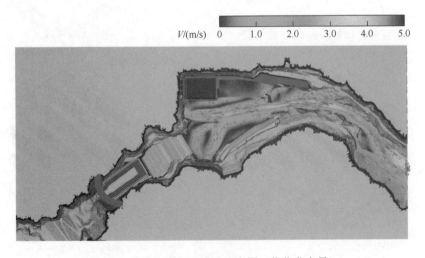

图 7.38　优化方案坝下流速分布图（优化发电量）

速处于 0.9～3.2 m/s，优化方案主流流速处于 1.3～3.5 m/s。原方案集鱼站入口附近流速处于 0.5～1 m/s，优化方案集鱼站入口附近流速处于 0.6～1.2 m/s。优化方案减小了集鱼站入口左侧的低流速回流区面积，形成了较好的集诱鱼流速条件。

原方案与优化方案各范围内 WUV 统计如图 7.39 所示，原方案与优化方案集鱼站附近生境评价结果对比如图 7.40 所示。整体上，优化方案计算区域内加权可利用体积为 155 万 m³，占比为 38%，相比原方案 WUV 提升了 14%。由图可知，优化方案对集鱼站入口生境条件提升效果同样显著，CHSI>0.6 区域有较为明显增加，集鱼站入口各范围内 WUV 提升均超过 25%，以 $R = 400$ m 为例，优化方案下加权可利用体积为 122.7 万 m³，占比为 69%，相比原方案 WUV 提升了 28%，优化方案坝下洄游通道完整且集鱼站附近生境条件最优，目标鱼类易识别并进入集运鱼设施入口。

综上所述，发电流量过程优化方案同样改善了坝下生境条件分布，相比原方案为目标鱼类营造了更好的洄游上溯条件，有利于提高集运鱼设施运行效果。

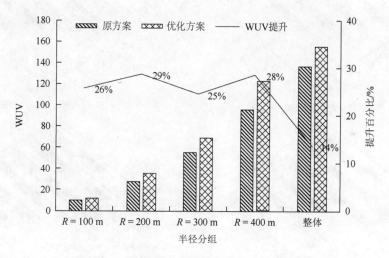

图 7.39　原方案与优化方案各范围内 WUV 统计

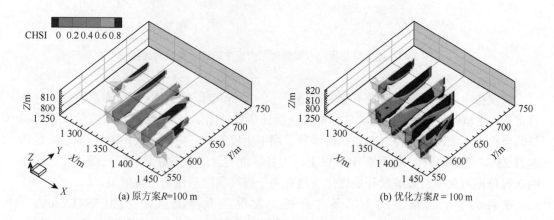

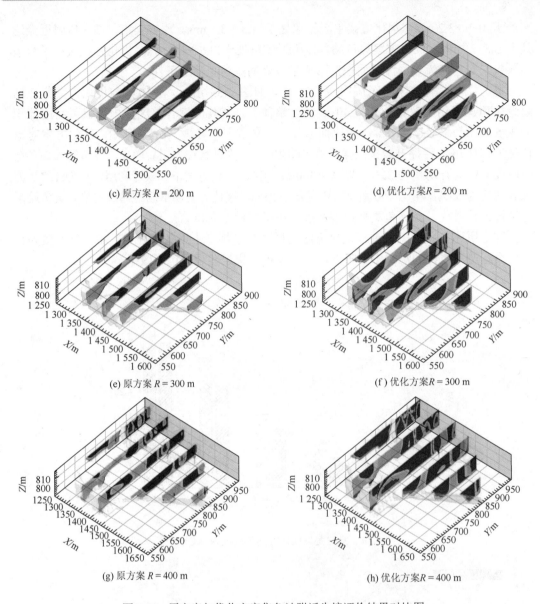

(c) 原方案 R = 200 m　　　　　　　(d) 优化方案 R = 200 m

(e) 原方案 R = 300 m　　　　　　　(f) 优化方案 R = 300 m

(g) 原方案 R = 400 m　　　　　　　(h) 优化方案 R = 400 m

图 7.40　原方案与优化方案集鱼站附近生境评价结果对比图

在保持电站日下泄总流量不变的前提下，对 7、8#机组下泄流量和日流量过程进行合理优化，生境评价结果显示：合理分配流量保证集鱼站侧 7、8#机组的下泄流量以及提高昼间全机组下泄流量两种方案均显著提升了坝下生境条件，集鱼站入口附近 WUV 提升超过 25%，整体 WUV 提升在 10% 以上，为目标鱼类营造了更好的洄游上溯条件，这表明在过鱼期对典型流量情景开展优化调度有利于提高集运鱼设施过鱼效果。

在各典型流量坝下的生境条件分析中发现当下泄流量分别为 5 941.7 m³/s、7 109.13 m³/s、4 298.80 m³/s 时，坝下具备完整的洄游通道且集鱼站入口附近生境条件最佳，目标鱼类易识别并进入集鱼站。这三种流量下集鱼数量分别为 1 247 尾、974 尾、1 360 尾。

综上建议，对典型集鱼效果较差的流量情景开展下泄流量优化，在过鱼期可参考生境条件较好的机组运行方式优化调度。

2. 集运鱼设施运行时间段优化

在乌东德水电站集运鱼设施试运行以来，运行时间段固定在 8 点～18 点。而众多研究表明，许多鱼类昼夜行为存在节律差异，出现这种差异的原因主要包括饵料资源分布影响、昼夜条件对鱼类捕食与反捕食关系的影响等。在对过鱼设施的运行监测中也发现存在夜间上溯效果高于白天的情况，例如，巴西伊加拉帕瓦鱼梯监测试验发现蝴蝶鱼、弗氏兔脂鲤、五线鲫等鱼类超过 80%在夜间上溯。国内枕头坝一级水电站竖缝式鱼道过鱼监测发现夜间（18 点～次日 6 点）上溯鱼类的数量显著多于白天（6 点～18 点）。英国特伦托河鱼类资源声学探测发现夜间鱼类密度是白天的 2.4～11 倍。

乌东德水电站鱼类资源声学监测结果显示，两个监测断面鱼类数量及密度均在每天的深夜时间段（0 点～2 点）达到峰值，结合集运鱼设施仅在白天运行发现这可能是导致集鱼效果不稳定、集鱼种类高度集中的原因之一。因此，建议乌东德水电站集运鱼设施优化运行时间段，开展夜间试运行。

3. 集鱼站侧 7、8#机组运行时长优化

相关分析结果显示集鱼数量均与 7、8#机组昼间运行时长相关性最好（相关系数 r 分别为 0.731**、0.417*），相关趋势如图 7.41 和图 7.42 所示。相关分析表明尾水引流对提高乌东德水电站集运鱼设施运行效果是有益的。研究表明，将过鱼设施入口布置在机组尾水出口有利于营造良好的集诱鱼流态，提高过鱼效果。

结合运行调度数据分析可知 7、8#机组基本处于未开机状态时，每日的平均集鱼数量仅有 19 尾。但采取生态调度使 7、8#机组处于常开机状态时，集鱼数量有显著提升，最大单日集鱼数量达到 1 947 尾。因此，结合相关分析建议乌东德水电站集鱼站侧 7、8#机组在过鱼期处于常开机状态，两机组昼间运行时长合计不少于 20 h。

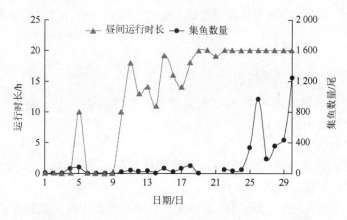

图 7.41　6 月集鱼数量与 7、8#机组运行时长相关趋势

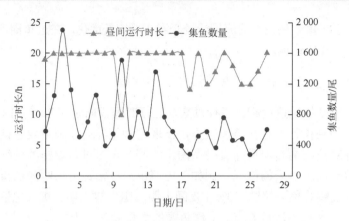

图 7.42　7 月集鱼数量与 7、8#机组运行时长相关趋势

7.4　白鹤滩水电站坝下生态监测

7.4.1　电站运行前坝下鱼类集群探测

1. 监测方法

白鹤滩水电站运行前的鱼类集群探测方法与乌东德水电站运行前的鱼类集群探测方法一致。2018～2019 年的渔获物调查以坝下 2～5 km 为监测江段，采用流刺网、地笼、撒网和脉冲 4 种方法结合捕捞坝下江段鱼类。其中，流刺网每网作业时间为 30 min，地笼投放时间为 4 h，撒网时间为 5 min，沿江进行实时脉冲捕捞（图 7.43～图 7.45）。

水声学调查采用 Simrad EY60 回声探测系统对调查水域进行探测，用 GPS map 60CS 导航仪到达预设探测地点，探测时间为 9 点～17 点。水声学数据采用 Sonar5 软件处理，数据文件格式转换主要参数设置与前面所叙参数一致（7.2.1 节）。针对不同点位的调查结果，分析单位时间内通过的鱼类数量，以及昼夜变动特点。对探测结果的鱼类目标强度（TS）进行统计，分别比较鱼类目标强度在单位时间段内的变动，以及昼夜差异。

2. 监测结果

1）白鹤滩坝下 2 km 鱼类种类

2018～2019 年白鹤滩坝下 2 km 江段共调查到鱼类 11 种，从鱼类习性特点来看，以小型鱼类和喜急流性鱼类为主。

（1）早期调查结果。

2018 年调查期间在白鹤滩坝下 2 km 江段调查到鱼类 4 种，102 尾，分别为细体拟鲿、凹尾拟鲿、拟缘䱗和鳘，如表 7.13 所示。

从鱼类分布来看，坝下 2 km 江段基本无鱼分布，调查中仅采集到少量鳘，这可能与施工活动影响有关，坝下 2～5 km 江段有少量鱼类分布，主要集中在滩流水区域，回水湾区为鳘的集中分布区。

表 7.13　白鹤滩坝下江段鱼类组成表

种类	数量/尾	重量/g	数量比/%	重量比/%	平均体长/mm	平均体重/g
细体拟鲿	2	17.1	1.96	1.89	86.5	8.6
凹尾拟鲿	12	60.7	11.76	6.69	75.3	5.1
拟缘䱀	1	3.2	0.98	0.35	67	3.2
鳘	87	826.1	85.29	91.07	111.5	9.5
总计	102	907.1	100	100		

图 7.43　白鹤滩坝下水情

图 7.44　坝下江段流刺网作业

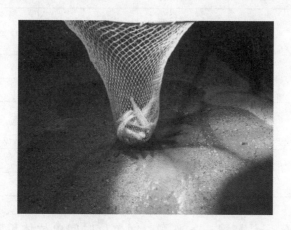
图 7.45　坝下江段采集的渔获物

（2）复核调查结果。

2019 年调查期间，使用地笼在白鹤滩坝下调查到鱼类有 5 种，9 尾，分别为细体拟鲿、切尾拟鲿、拟缘䱀、瓦氏黄颡鱼和小眼薄鳅，其中拟缘䱀为长江上游特有鱼类；脉冲调查到鱼类有 2 种，37 尾，分别为切尾拟鲿、瓦氏黄颡鱼；总计共调查到鱼类 5 种，46 尾（表 7.14）。

表 7.14　白鹤滩坝下江段鱼类组成总表

种类	数量/尾	重量/g	数量比/%	重量比/%	平均体长/mm	平均体重/g
细体拟鲹	1	9	2.04	0.52	103	9
切尾拟鲹	6	34.2	12.24	1.99	77.167	5.7
拟缘𫚖	1	5.8	2.04	0.34	89	5.8
瓦氏黄颡鱼	40	1 663	81.63	96.82	143.7	41.6
小眼薄鳅	1	5.6	2.04	0.33	82	5.6
总计	49	1 717.6	100	100		

　　从鱼类分布来看，坝下 2 km 江段鱼类种类丰富度较低，调查中仅采集到少量瓦氏黄颡鱼，这可能与施工活动影响有关，坝下 2~5 km 江段有少量鱼类分布，主要集中在滩流水区域，回水湾区为瓦氏黄颡鱼的集中分布区。

2）白鹤滩坝下 2 km 鱼类分布

（1）早期调查结果。

　　白鹤滩坝下江段设置了一个监测断面，开展了 1 个昼夜监测，共监测到鱼类 146 尾，平均每小时监测到 9.13 尾，14.1 个/(m³·h)，具体测量数据如表 7.15 表示。

表 7.15　白鹤滩水电站坝下鱼类监测概况

地点	日期	监测时间段	监测时长/h	监测目标数目/个
白鹤滩水电站坝下 5 km（大桥附近）	6 月 7 日（白天）	11 点~13 点	2	20
		13 点~15 点	2	17
		15 点~17 点	2	18
		17 点~19 点	2	13
	6 月 7 日（夜间）	19 点~21 点	2	21
		21 点~23 点	2	20
	6 月 8 日（白天）	7 点~9 点	2	10
		9 点~11 点	2	27

　　①鱼类单位时间变动情况。各监测时间单位时间单位体积监测的数目分别是 15.46 个/(m³·h)、13.14 个/(m³·h)、13.91 个/(m³·h)、10.05 个/(m³·h)、16.23 个/(m³·h)、15.46 个/(m³·h)、7.73 个/(m³·h)和 20.87 个/(m³·h)。在此昼夜变化中，上午监测的单位时间鱼类数目没有明显的规律，但 9 点~11 点出现鱼类数目的高峰，19 点~23 点的数目比 13 点~19 点的略高，据此结果，9 点~11 点及 19 点~23 点为一昼夜鱼类数目最高的两个时间段。

　　②鱼类昼夜数目对比。白天监测 12 h，监测到鱼类 105 尾，13.53 个/(m³·h)；夜间监测 4 h，监测到鱼类 41 尾，15.85 个/(m³·h)（图 7.46）。

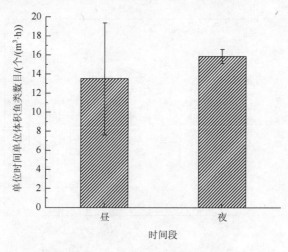

图 7.46　昼夜监测到的鱼类数目对比

③鱼类目标强度分布。鱼类的平均目标强度是（−55.11±6.70）dB，95%置信区间是−56.21～−54.01 dB。数据近似呈正态分布，偏度值为 0.22，峰度为−0.41（图 7.47）。

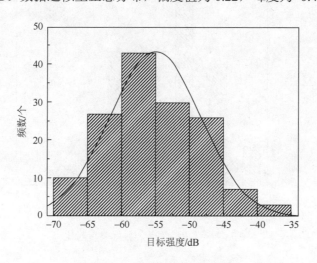

图 7.47　白鹤滩鱼类目标强度

④不同时间段鱼类目标强度分布。各监测时间段鱼类目标强度分别是：11 点～13 点是（−54.07±5.94）dB；13 点～15 点是（−53.58±8.20）dB；15 点～17 点是（−58.05±5.93）dB；17 点～19 点是（−50.64±7.06）dB；19 点～21 点是（−54.70±7.20）dB；21 点～23 点是（−57.34±5.51）dB；7 点～9 点是（−55.44±7.81）dB；9 点～11 点是（−55.58±5.63）dB。其中，在此昼夜变化中，17 点～19 点的鱼类目标强度最大，即此时间段的鱼类个体大于其他时间段（图 7.48）。

⑤鱼类昼夜目标强度对比。白天监测到鱼类的目标强度是（−54.77±6.78）dB，服从正态分布，偏度是 0.23，峰度是−0.33。夜间监测到鱼类的目标强度是（−55.99±6.49）dB，偏度是 0.17，峰度是−0.67（图 7.49～图 7.51）。

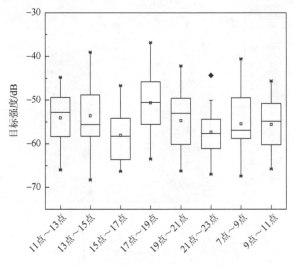

图 7.48　鱼类目标强度分布图

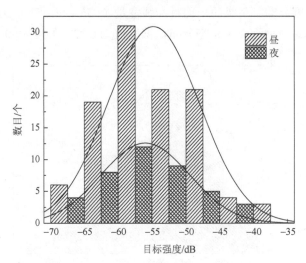

图 7.49　昼夜监测鱼类目标强度对比

图 7.50　白鹤滩坝下鱼类水声学监测（白天）

图 7.51　白鹤滩坝下鱼类水声学监测（夜间）

（2）复核调查结果。

2019 年，调查人员在白鹤滩坝下设置了一个监测断面，位于白鹤滩坝下 5 km 处的大桥附近，共监测 24 h，白天 12 h，夜间 12 h。共监测到鱼 243 尾，平均每小时 10.13 尾，15.65 个/(m³·h)，具体测量结果如表 7.16 所示。

表 7.16　白鹤滩水电站坝下鱼类水声学监测概况

地点	时间	监测时间段	监测时长/h	监测目标数目/个
白鹤滩水电站坝下 5 km（大桥附近）	昼	10 点～12 点	2	16
		12 点～14 点	2	9
		14 点～16 点	2	12
		16 点～18 点	2	17
	夜	18 点～20 点	2	12
		20 点～22 点	2	26
		22 点～24 点	2	23
		24 点～次日 2 点	2	29
		2 点～4 点	2	38
		4 点～6 点	2	30
	昼	6 点～8 点	2	14
		8 点～10 点	2	17

①鱼类目标强度总体分布。监测鱼类的平均目标强度是（−56.20±6.01）dB，95%置信区间是−56.97～−55.45 dB。数据近似呈正态分布，频率直方图呈现左偏，偏度值为−0.07，峰度值为−0.52（图 7.52）。

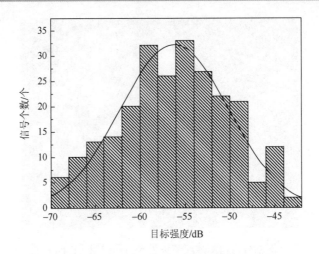

图 7.52　白鹤滩坝下江段水声学监测鱼类目标强度分布

②鱼类数目不同时间段变动情况。各监测时间段单位时间单位体积监测的数目分别是 12.37 个/(m³·h)、6.96 个/(m³·h)、9.28 个/(m³·h)、13.14 个/(m³·h)、9.28 个/(m³·h)、20.1 个/(m³·h)、17.78 个/(m³·h)、22.42 个/(m³·h)、29.38 个/(m³·h)、23.19 个/(m³·h)、10.82 个/(m³·h)、13.14 个/(m³·h)。2 点～4 点监测到的鱼类较多，12 点～14 点监测到的鱼类较少（图 7.53）。

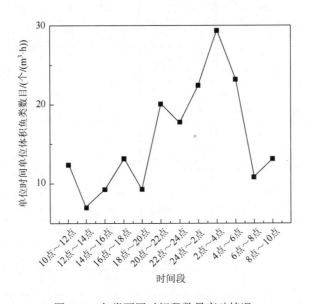

图 7.53　鱼类不同时间段数量变动情况

③鱼类数目昼夜对比。白天监测 12 h，监测到鱼 85 尾，10.95 个/(m³·h)；夜间监测 12 小时，监测到鱼 158 尾，20.36 个/(m³·h)。夜间监测到的鱼的数目多于白天（图 7.54）。

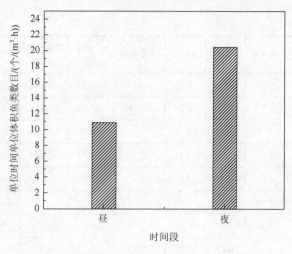

图 7.54　鱼类数目的昼夜对比

④鱼类目标强度不同时间段分布。各时间段鱼类目标强度差异不大，最大值出现在 10 点～12 点，最小值出现在 8 点～10 点。详细参数见图 7.55、表 7.17。

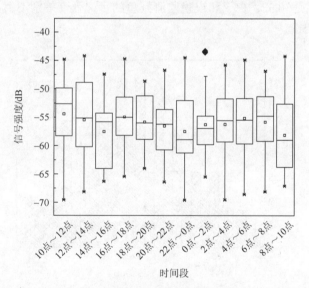

图 7.55　鱼类目标强度分布图

表 7.17　白鹤滩测点各时间段监测到的鱼类目标强度

时间段	平均值/dB	标准差	偏度	峰度	变异系数	最小值/dB	下四分位数/dB	中值/dB	上四分位数/dB	最大值/dB
10 点～12 点	−54.7	6.73	−0.81	−0.01	−0.12	−69.71	−58.77	−52.71	−50.15	−44.76
12 点～14 点	−55.47	8.48	−0.29	−1.31	−0.15	−68.30	−60.27	−55.12	−48.79	−44.12
14 点～16 点	−58.16	5.37	0.05	−0.79	−0.09	−66.34	−63.63	−56.03	−54.61	−47.43
16 点～18 点	−53.47	6.12	−0.16	−0.52	−0.11	−65.51	−57.72	−52.90	−50.06	−43.52

时间段	平均值/dB	标准差	偏度	峰度	变异系数	最小值/dB	下四分位数/dB	中值/dB	上四分位数/dB	最大值/dB
18 点~20 点	−54.75	5.52	−0.14	−0.75	−0.10	−64.16	−59.42	−53.43	−50.56	−44.27
20 点~22 点	−57.17	4.71	0.07	−0.29	−0.08	−67.02	−60.48	−57.12	−54.19	−46.66
22 点~24 点	−56.83	6.17	−0.03	−0.61	−0.11	−69.70	−61.21	−57.07	−51.69	−44.43
24 点~次日 2 点	−56.00	6.11	0.22	−0.14	−0.11	−69.31	−59.84	−56.99	−50.80	−43.32
2 点~4 点	−55.86	5.91	−0.45	−0.62	−0.11	−69.66	−60.40	−54.55	−50.93	−45.76
4 点~6 点	−55.88	5.84	0.05	−0.16	−0.10	−68.73	−59.71	−56.50	−52.47	−44.83
6 点~8 点	−56.89	5.85	−0.35	−0.44	−0.10	−69.68	−59.76	−56.15	−52.94	−46.77
8 点~10 点	−57.22	6.73	0.22	−0.82	−0.12	−67.24	−62.07	−58.29	−52.24	−44.12

⑤鱼类目标强度昼夜对比。白天监测到鱼的目标强度是（−56.06±6.52）dB，服从正态分布，偏度是−0.25，峰度是−0.77。夜间监测到鱼的目标强度是（−56.28±5.74）dB，偏度是−0.06，峰度是−0.32。白天和夜晚监测到鱼的目标强度差别不大，说明监测到的鱼类体长相似（图 7.56）。

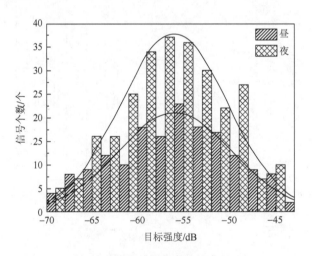

图 7.56　鱼类目标强度的昼夜对比

7.4.2　电站运行后坝下鱼类标记跟踪

1. 监测设置

本研究于 2020 年 11 月在白鹤滩坝下江段进行了细鳞裂腹鱼的声学遥测，成功标记了 9 条试验鱼，通过手术的方式给细鳞裂腹鱼背部植入标签。在白鹤滩坝下 4.9~6 km 的江段进行了声学接收器的布置。整个试验过程，共有效监测了 80 h 左右，最后通过统计分析标记鱼的位置信息。

1）监测区域

本次监测区域设置在集鱼平台下游处 2 km 左右的范围，距离坝下 4～6 km，如图 7.57 所示，目的是观测鱼类上溯轨迹以及上溯过程中可能停留的位置，进一步对白鹤滩水电站集鱼站鱼类上溯轨迹数值模拟预测进行佐证，进一步解释鱼类行为学与水力学之间的相关关系。

图 7.57　2020 年 11 月监测区域（单位：m）

2）目标鱼类的标记

根据金沙江中下游鱼类资源历史调查资料和相关文献记录发现，白鹤滩坝下所在江段常见鱼类有 52 种，其中 13 种为金沙江特有鱼类。一般通常将资源量较高的洄游鱼类以及受到保护的珍稀及特有鱼类作为过鱼设施的目标鱼类。这三种鱼类被认为是白鹤滩水电站的优先过鱼对象。细鳞裂腹鱼是具有重要经济价值的鲤科鱼类，在繁殖季节具有短距离生殖洄游的现象，主要生活在金沙江流域。圆口铜鱼及长薄鳅都属于金沙江流域的特有鱼类，通常栖息在水流湍急的江河底层，是典型的河道洄游型鱼类。这三种目标鱼类目前均被列入国家重点野生动物保护名录。因此，本研究选择将细鳞裂腹鱼、圆口铜鱼及长薄鳅作为优先过鱼对象。洄游性鱼类在性成熟之后，在特定的产卵季节，就会迁徙到产卵场。但是，为了保护金沙江鱼类资源，我国将从 2020 年开始对金沙江流域实施 10 年禁捕的措施。因此，本研究在黑水河流域（金沙江一级支流）获得了流水生境中生长的细鳞裂腹鱼。本研究共获得了 20 尾细鳞裂腹鱼，它们的体长变化范围为 241～306 mm，平均体长为 281 mm。在白鹤滩水电站坝下河道中暂养 24 h 后，本研究通过手术的方式对其中的 9 条进行了声学标签的标记，将声学标签固定在目标鱼的背部，如图 7.58 所示。

(a) 试验鱼体长测量　　　　　　　　　　　　　(b) 试验鱼标记植入

图 7.58　2020 年细鳞裂腹鱼声学标记

3）监测布置

这些细鳞裂腹鱼于 2020 年 11 月 15 日当地时间 10 点~14 点进行标记并释放。本试验中使用的声学接收器（加拿大 VR2Tx 型）放置在白鹤滩大坝下游 4 900~6 000 m 的范围内，右岸安装 16 台，左岸安装 7 台。声学接收器均安装在沉入河底的混凝土块上，其位置在水面上用白色浮标标记。声学接收器的布设位置及标记鱼的释放位置见图 7.59。

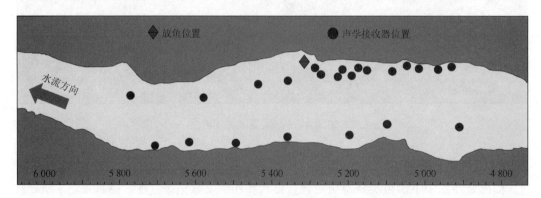

图 7.59　监测布置（单位：m）

2. 监测结果

接收器阵列在 2020 年 11 月 15 日的 10 点~14 点投放，遥测数据和系统于 2020 年 11 月 19 日的 18 点取回并使用 Vemco 的 VUE 软件进行了初步处理，并进行精密位置数据分析。监测结果如图 7.60、图 7.61 所示。数据被下载并去除一些不确定的检测信息。本研究标记并释放的 9 条试验鱼都返回了一部分有效的位置信息数据，包括标记鱼的经纬度以及标记鱼在该位置对应的水压。本次监测试验在大约 80 h 的监测时间段，共监测到了 81 次有效的标记鱼的位置信息数据。本研究将标记鱼在不同时刻的位置信息数据进行坐标换算，就能计算出在现场监测情景中标记鱼的位置及对应水深的分布。通过统计分析发现，监测到的标记鱼主要在水深为 0.6~20.3 m 的范围内进行游动，平均水深为 5.9 m。由于释放标记鱼的位置在 $X=5\,300$ m 断面的河道右岸附近，被监测到的大部分标记鱼都分布在右岸，而仅有 3 个有效监测信息表明有标记鱼穿过河道主流区到达了河道左岸。监测到的少部分标记鱼向上游迁徙了大约 310 m，但监测到的绝大部分标记鱼都向下游游动。

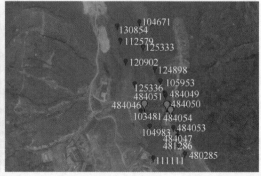

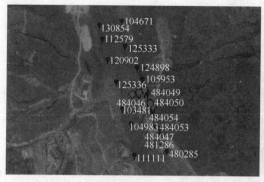

图 7.60　单条鱼类轨迹点标注

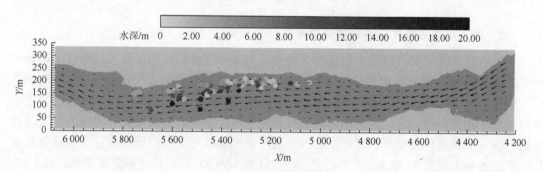

图 7.61　标记鱼监测结果

3. 运行耦合

1）监测期坝下水动力学特征

本次监测试验期间，白鹤滩水电站下泄流量为（2 773.13±220）m³/s，坝下水位为（593.50±1）m。本研究通过紊流数值模拟的手段对监测期间白鹤滩水电站坝下江段进行了水动力学模拟。图 7.62 及图 7.63 为生态监测期白鹤滩水电站坝下的三维流场结果及二

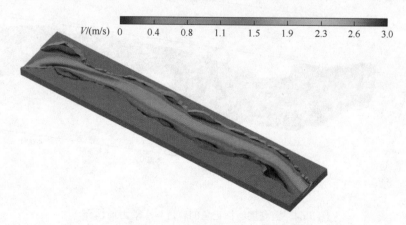

图 7.62　生态监测期白鹤滩水电站坝下三维流场结果图

维流速矢量结果。由图可知,白鹤滩水电站坝下在生态监测期,河道的流速分布范围为 0～3 m/s,河道主流区域流速范围为 1.9～3 m/s。河道主流区域流场顺直,在靠近河道区域,存在部分回流区域。

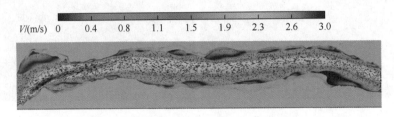

图 7.63　生态监测期白鹤滩水电站坝下二维流速矢量结果图

2）坝下水动力条件与监测轨迹耦合

本研究将监测期白鹤滩水电站坝下的水动力条件和标记鱼的监测轨迹进行了耦合分析。图 7.64 为白鹤滩监测期标记鱼与河流水动力场的耦合。由于个体差异,鱼类的游泳行为和游泳轨迹不同。在这 9 条鱼中,有 8 条鱼活跃在河流干流的右侧,只有 1 条鱼越过河流干流到左岸。这是因为标记鱼的释放位于河流左岸,鱼很难突破河流的高流速区域。这与一些野外鱼类声学遥测试验的先前结论非常接近。本研究计算了与监测鱼类对应的流速和水深频率,结果如图 7.65 所示。根据图 7.65（a）,标记鱼主要分布在 0.5～1.1 m/s 的流速范围内,占 61.2%,标记鱼难以到达 2.4 m/s 以上的区域。根据图 7.65（b）,90.12% 的标记鱼分布在 0.4～13.2 m,这与杨志等之前研究的现场监测结果一致（杨志等,2017）。标记鱼的游动轨迹在一定程度上反映了鱼对速度和水深的偏好。

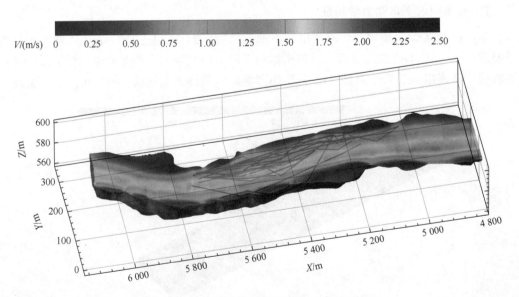

图 7.64　监测期间标记鱼的轨迹与水动力场耦合

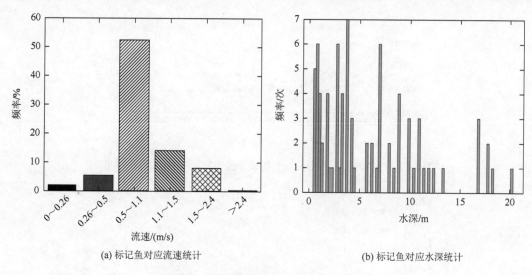

(a) 标记鱼对应流速统计　　　　　　　　　　　　(b) 标记鱼对应水深统计

图 7.65　监测期间标记鱼水力学参数统计

7.5　白鹤滩水电站过鱼设施运行及效果评价

7.5.1　运行效果分析

2022 年 1～7 月白鹤滩下游固定式集鱼站集鱼数量如图 7.66 所示。由图可知，1～7 月各月份的集鱼数量分别为 272 尾、308 尾、612 尾、1 298 尾、758 尾、610 尾、500 尾，1～7 月共计集鱼 4 358 尾，集鱼数量最少的月份为 1 月，最多的为 4 月，集鱼数量随月份总体呈现先增加后减少的趋势。究其原因，4 月正是目标鱼类自然上溯的时间段，同时白鹤滩水电站在 4 月的下泄流量运行条件下，也形成了上溯适宜性 WUA 与 HHS 的最优，见图 7.67。图 7.68 为 2022 年 1～7 月白鹤滩水电站下游固定式集鱼站月均下泄流量与集鱼尾数的统计图，图 7.69 为白鹤滩水电站尾水处集鱼站月均下泄流量与集鱼尾数的统计图。

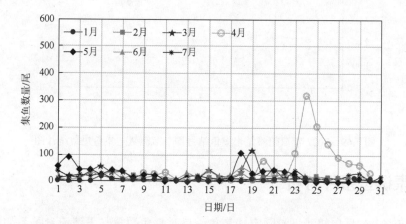

图 7.66　2022 年 1～7 月白鹤滩下游固定式集鱼站集鱼数量

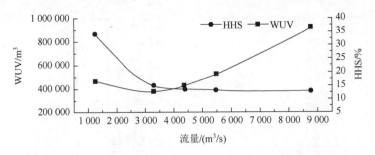

图 7.67　白鹤滩坝下多指标综合生境评价 WUV 与 HHS 评价结果

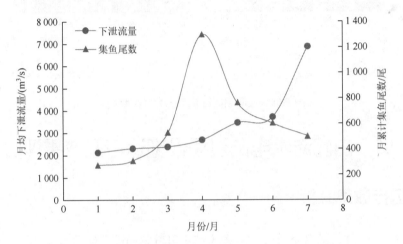

图 7.68　2022 年白鹤滩下游集鱼站月均下泄流量与集鱼尾数统计图

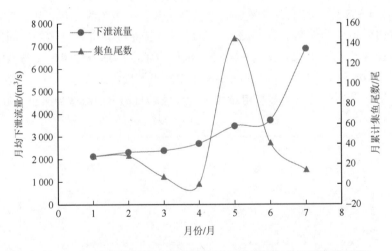

图 7.69　2022 年白鹤滩尾水集鱼站月均下泄流量与集鱼尾数统计图

7.5.2　集诱鱼条件分析

2022 年 5、6 月白鹤滩下游固定式集鱼站逐时集鱼数量与下泄流量关系如图 7.70 和

图 7.71 所示，由图可知，5、6 月下泄流量与集鱼数量之间的 Spearman 相关系数分别为 0.268 与 0.352，且双尾显著性检验均小于 0.01，下泄流量与集鱼数量之间呈现出显著相关关系。综合图 7.70 和图 7.71，在典型运行流量下（3 286 m^3/s），白鹤滩下游固定式集鱼站及尾水处集鱼站效果最好。如图 7.72 所示，整个河道左右岸均存在大面积连续的综合生境适宜区域，仅在 $X=-450\sim-650$ m 范围内偏向左岸处综合评分较低，但左岸边缘处仍存在部分评分不为 0 的区域；在高程为 585 m 的平台处存在大面积带状综合生境适宜区域，整个河道大部分综合生境适宜区域均位于河道左右岸水体中底部，中底部集诱鱼流态为鱼类洄游与活动提供了大面积的范围。此外，如图 7.67 所示，由不同运行场景下的白鹤滩坝下综合生境评价 WUA 与 HHS 分析可知，在典型运行场景（下泄流量为 3 286 m^3/s）运行时，形成了上溯适宜性 WUA 与 HHS 的最优。

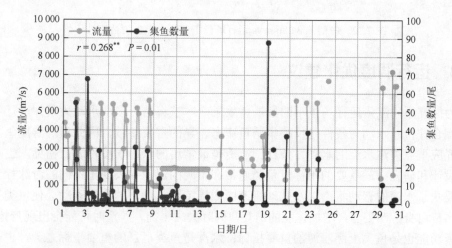

图 7.70 2022 年 5 月白鹤滩下游固定式集鱼站逐时集鱼数量与下泄流量关系

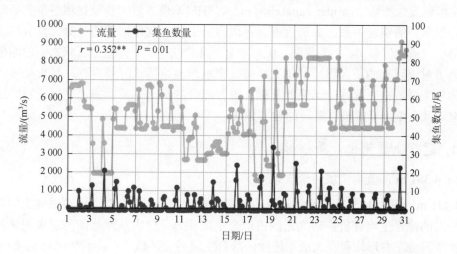

图 7.71 2022 年 6 月白鹤滩下游固定式集鱼站逐时集鱼数量与下泄流量关系

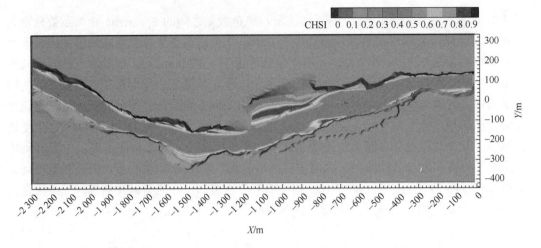

图 7.72　白鹤滩 3 286 m³/s 运行场景下鱼类上溯生境适宜性评价

7.5.3　运行调度优化建议

为探究不同流量运行场景下的集诱鱼效果，本节将结合多个水动力条件进行生境适宜性综合评价。水动力条件是反映集诱鱼流态差异的重要参数，因此对洄游期鱼类洄游的研究应重点关注水流的水动力条件；流速是最常用的水力学特性表征指标，也是过鱼设施设计和研究中最重要的指标，鱼类通常在不同的流速中表现出不同的游泳行为；紊动能反映了水流的紊动状态以及脉动流速的振幅特性，剧烈的水流紊动会使鱼类上溯时不断调整自身游动姿势，增加体能的消耗，同时失去平衡，严重时可能会出现身体损伤，因此紊动能也是鱼类上溯洄游的重要指标；水深是鱼类栖息的重要指标之一，也是影响不同水层鱼类活动的重要参数，因此水深也是鱼类洄游与集群的重要指标。本节采用修正的生境适宜性指数（habitat suitability index，HSI）概念进一步量化坝下鱼类活动与各个水力学条件的响应关系；集诱鱼流态各因素的生境适宜性指数通过对大量资料的分析整理得出，适宜度以 0、1 为界限，0 为完全不适合状态，1 为最适合状态，中间值表示目标鱼类对该因素的适合程度，越大的值代表栖息地生境状况越良好，越大概率适合鱼类上溯与集群。在生境评价结果的基础上进行综合分析，并据此提出更加适宜的运行流量方案以及电站运行时长、时段的相关方案。

1. 运行流量优化效果分析

1）4 381 m³/s 流量情境评价成果

4 381 m³/s 运行场景下综合生境评价结果如图 7.73 所示，此时评价结果最上层为水下 1 m 平面的综合生境评价；研究范围内综合生境评分呈现出从岸边向河道中间递减的趋势；整个河道左右岸均存在大面积连续的综合生境适宜区域；在高程为 585 m 的平台处存在大面积带状综合生境适宜区域。

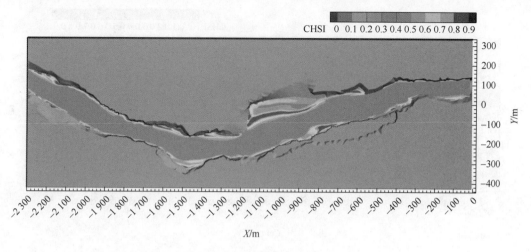

图 7.73　4 381 m³/s 运行场景下综合生境评价结果

2）5 478 m³/s 流量情境评价成果

5 478 m³/s 运行场景下综合生境评价结果如图 7.74 所示，此时评价结果最上层为水下 1 m 平面的综合生境评价；研究范围内综合生境评分呈现出从岸边向河道中间递减的趋势；整个河道左右岸均存在大面积连续的综合生境适宜区域；在高程为 585 m 的平台处存在大面积带状综合生境适宜区域。

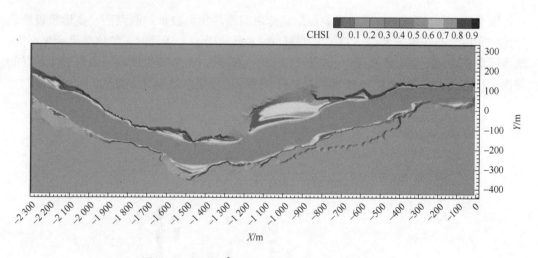

图 7.74　5 478 m³/s 运行场景下综合生境评价结果

3）8 763 m³/s 流量情境评价成果

8 763 m³/s 运行场景下综合生境评价结果如图 7.75 所示，此时评价结果最上层为水下 1 m 平面的综合生境评价；研究范围内综合生境评分呈现出从岸边向河道中间递减的趋势；整个河道左右岸均存在大面积连续的综合生境适宜区域；在高程为 585 m 与 594 m 的平台处存在大面积带状综合生境适宜区域。

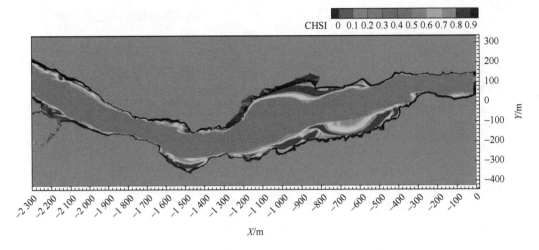

图 7.75　8 763 m³/s 运行场景下综合生境评价结果

多指标综合评价结果显示，WUV 在流量为 3 286 m³/s 时最小为 379 160 m³；当流量大于 3 286 m³/s 时 WUV 呈现出稳定的增长，由此可知当流量大于 3 286 m³/s 时坝下鱼类综合生境较好，在过鱼期（3～7 月）电站运行调度时应尽量以大于 3 286 m³/s 的流量运行发电。

2. 集运鱼设施运行时间段优化

图 7.76 为白鹤滩下游固定式集鱼站运行时间段与集鱼数量的散点图。集运鱼设施运行的时间段分布在每天 8 点～22 点。在昼间（8 点～19 点）运行时，集鱼效果变化不大，集鱼尾数在 5～20 尾。在夜间（19 点～22 点）运行时，集鱼效果比昼间效果更优，昼间每次运行集鱼大约为 45 尾。总体结果表明，夜间运行集鱼效果优于昼间。

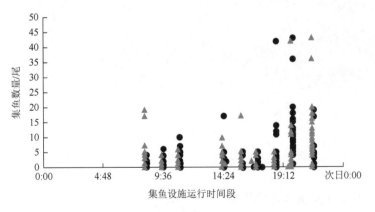

图 7.76　白鹤滩下游固定式集鱼站运行时间段与集鱼效果

3. 集运鱼设施运行时长优化

白鹤滩下游固定式集鱼站月累计运行时长与集鱼尾数的关系见图 7.77。单次运行时长与集鱼尾数的关系见图 7.78。集运鱼设施累计运行时间与集鱼设施提升的时间间隔也是影响集鱼效果的关键因素。分析可知，白鹤滩下游集鱼站月累计运行时长为 750 h 时集鱼效果最好，集鱼设施的提升间隔时间为 80 min 时集鱼效果最好。

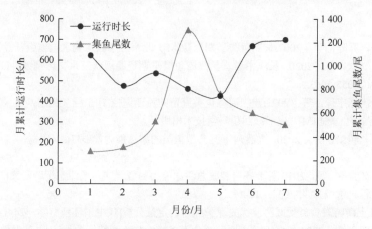

图 7.77　白鹤滩下游固定式集鱼站运行时长与集鱼效果

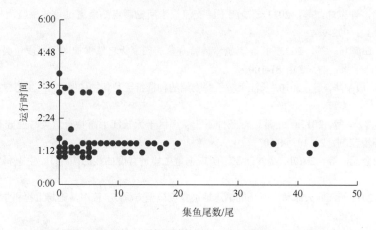

图 7.78　白鹤滩下游集运鱼设施单次运行时长与集鱼尾数

（扫一扫，见本章彩图）

参 考 文 献

曹文宣，常剑波，乔晔，等，2007.长江鱼类早期资源[M]. 北京：中国水利水电出版社.

陈诚，黎明政，高欣，等，2020. 长江中游宜昌江段鱼类早期资源现状及水文影响条件[J]. 水生生物学报，44（5）：1055-1063.

陈求稳，张建云，陈宇琛，等，2021.建坝河流鱼类繁殖的流速调控[J].工程（英文），7（2）：105-122.

丁瑞华，1994. 四川鱼类志[M]. 成都：四川科学技术出版社.

丁少波，施家月，黄滨，等，2020. 大渡河下游典型鱼类的游泳能力测试[J]. 水生态学杂志，41（1）：46-52.

傅菁菁，李嘉，安瑞冬，等，2013.基于齐口裂腹鱼游泳能力的竖缝式鱼道流态塑造研究[J]. 工程科学与技术报（工程科学版），45（3）：12-17.

刘军，2004.长江上游特有鱼类受威胁及优先保护顺序的定量分析[J].中国环境科学，24（4）：395-399.

刘军，曹文宣，常剑波，2004.长江上游主要河流鱼类多样性与流域特征关系[J].吉首大学学报（自然科学版），25（1）：42.

石小涛，白天翔，许家炜，等，2023.金沙江下游支流黑水河松新电站鱼道过鱼效果监测与评估[J].湖泊科学，35（3）：972-984.

唐成，邓华堂，田辉伍，等，2023. 长江上游珍稀特有鱼类国家级自然保护区干流段鱼类群落结构特征分析[J]. 水产学报，47（2）：81-100.

辛建峰，杨宇峰，段中华，等，2010. 长江上游长鳍吻鮈的种群特征及其物种保护[J]. 生态学杂志，29（7）：1377-1381.

杨志，唐会元，龚云，等，2017a. 正常运行条件下三峡库区干流长江上游特有鱼类时空分布特征研究[J]. 三峡生态环境监测，2（1）：1-10.

杨志，张鹏，唐会元，等，2017b. 金沙江下游圆口铜鱼生境适宜度曲线的构建[J]. 生态科学，36（5）：129-137.

易雨君，乐世华，2011.长江四大家鱼产卵场的栖息地适宜度模型方程[J]. 应用基础与工程科学学报，19(S1)：117-122.

余志堂，周春生，邓中粦，等，1985. 葛洲坝水利枢纽截流后的长江家鱼产卵场[C]. 中国鱼类学会鱼类学论文集（第四辑），北京，1985：1-11.

张轶超，2009. 大坝建设对长江上游圆口铜鱼和长鳍吻鮈自然繁殖的影响[D]. 武汉：中国科学院水生生物研究所.

郑铁刚，孙双科，柳海涛，等，2016. 基于鱼类行为学与水力学的水电站鱼道进口位置选择[J]. 农业工程学报，32（24）：164-170.

周湖海，田辉伍，何春，等，2019. 金沙江下游巧家江段产漂流性卵鱼类早期资源研究[J]. 长江流域资源与环境，28（12）：2910-2920.

周意琦，2020. 水动力作用下鱼群的自组织行为研究[D]. 杭州：浙江大学.

邹桂伟，罗相忠，胡德高，等，1998. 长薄鳅耗氧率与窒息点的研究[J]. 湖泊科学，10（1）：49-54.

AARESTRUP K，ØKLAND F，HANSEN M M，et al.，2009. Oceanic spawning migration of the European eel（*Anguilla anguilla*）[J]. Science，325（5948）：1660.

AN R D，LI J，YI W M，et al.，2019. Hydraulics and swimming behavior of *Schizothorax prenanti* in vertical slot fishways[J]. Journal of hydrodynamics，31（1）：169-176.

AN R D，LI J，Liang R F，et al.，2016. Three-dimensional simulation and experimental study for optimising a vertical slot fishway[J]. Journal of hydro-environment research，12（9）：119-129.

ANDERSSON A G，LINDBERG D E，LINDMARK E M，et al.，2012. A study of the location of the entrance of a fishway in a regulated river with CFD and ADCP[J]. Modelling and simulation in engineering，12（2）：1-11.

BAEK K O，KU Y H，DO KIM Y，2015. Attraction efficiency in natural-like fishways according to weir operation and bed change in Nakdong River，Korea[J]. Ecological engineering，84：569-578.

BARBAROSSA V，SCHMITT R J P，HUIJBREGTS M A J，et al.，2020. Impacts of current and future large dams on the geographic range connectivity of freshwater fish worldwide[J]. Proceedings of the national academy of sciences of the United States of America，117（7）：3648-3655.

BERMÚDEZ M，PUERTAS J，CEA L，et al.，2010. Influence of pool geometry on the biological efficiency of vertical slot fishways[J]. Ecological engineering，36（10）：1355-1364.

BREDER C M，1959. Studies on social grouping in fishes[J]. Bulletin of the American Museun of Natural History，117：393-482.

BRETT J R，1964. The respiratory metabolism and swimming performance of young sockeye salmon[J]. Journal of the fisheries research board of Canada，21（5）：1183-1226.

BRETT J R，1967. Swimming performance of sockeye salmon（*Oncorhynchus nerka*）in relation to fatigue time and temperature[J]. Journal of the fisheries research board of canada，24（8）：1731-1741.

CEA L，PENA L，PUERTAS J，et al.，2007. Application of several depth-averaged turbulence models to simulate flow in vertical slot fishways[J]. Journal of hydraulic engineering，133（2）：160-172.

CHEN M，AN R D，LI J，et al.，2019. Identifying operation scenarios to optimize attraction flow near fishway entrances for endemic fishes on the Tibetan Plateau of China to match their swimming characteristics：A case study[J]. The science of the total environment，693：133615.

COUTO T B A，MESSAGER M L，OLDEN J D，2021. Safeguarding migratory fish via strategic planning of future small hydropower in Brazil[J]. Nature sustainability，4（5）：409-416.

FILELLA A，NADAL F，SIRE C，et al.，2018. Model of collective fish behavior with hydrodynamic interactions[J]. Physical review letters，120（19）：198101.

FUKUDA H，TORISAWA S，SAWADA Y，et al.，2010. Ontogenetic changes in schooling behaviour during larval and early juvenile stages of Pacific bluefin tuna *Thunnus orientalis*[J]. Journal of fish biology，76（7）：1841-1847.

GOODWIN R A，POLITANO M，GARVIN J W，et al.，2014. Fish navigation of large dams emerges from their modulation of flow field experience[J]. Proceedings of the National Academy of Sciences of the United States of America，111（14）：5277-5282.

HATRY C，THIEM J D，BINDER T R，et al.，2014. Comparative physiology and relative swimming performance of three redhorse（*Moxostoma* spp.）species：Associations with fishway passage success[J]. Physiological and biochemical zoology，87（1）：148-159.

HENSOR E，COUZIN I D，JAMES R，et al.，2005. Modelling density-dependent fish shoal distributions in the laboratory and field[J]. Oikos，110（2）：344-352.

KEMP P S，O'HANLEY J R，2010. Procedures for evaluating and prioritising the removal of fish passage barriers：Asynthesis[J]. Fisheries management and ecology，17（4）：297-322.

KUBO Y，IWASA Y，2016. Phase diagram of a multiple forces model for animal group formation：Marches versus circles determined by the relative strength of alignment and cohesion[J]. Population ecology，58（3）：357-370.

LINDBERG D E，LEONARDSSON K，ANDERSSON A G，et al.，2013. Methods for locating the proper position of a planned fishway entrance near a hydropower tailrace[J]. Limnologica，43（5）：339-347.

PITCHER T J，1993. Functions of shoaling Behaviour in teleosts[M]. Dordrecht：Springer.

PITCHER T J，MAGURRAN A E，WINFIELD I J，1982. Fish in larger shoals find food faster[J]. Behavioral ecology and sociobiology，10（2）：149-151.

RIGHTON D，WESTERBERG H，FEUNTEUN E，et al.，2016. Empirical observations of the spawning migration of European eels：The long and dangerous road to the Sargasso Sea[J]. Science advances，2（10）：e1501694.

RODRIGUEZ Á，BERMÚDEZ M，RABUÑAL J R，et al.，2011. Optical fish trajectory measurement in fishways through computer vision and artificial neural networks[J]. Journal of computing in civil engineering，25（4）：291-301.

TUDORACHE C，VIAENE P，BLUST R，et al.，2008. A comparison of swimming capacity and energy use in seven European freshwater fish species[J]. Ecology of freshwater fish，17（2）：284-291.

TUMMERS J S，WINTER E，SILVA S，et al.，2016. Evaluating the effectiveness of a Larinier super active baffle fish pass for European River lamprey *Lampetra fluviatilis* before and after modification with wall-mounted studded tiles[J]. Ecological engineering，91：183-194.

ZHA W，ZENG Y H，KATUL G，et al.，2021. Laboratory study on behavioral responses of hybrid sturgeon，Acipenseridae，to wake flows induced by cylindrical bluff bodies[J]. The science of the total environment，799：149403.

附　　表

附表1　金沙江下游鱼类名录

序号	目	科（亚科）	中文种名	拉丁学名
1	鲟形目	鲟科	长江鲟	*Acipenser dabryanus*（Duméril）
2	鲟形目	鲟科	中华鲟	*Acipenser sinensis*（Gray）
3	鲟形目	匙吻鲟科	白鲟	*Psephurus gladius*（Martens）
4	鳗鲡目	鳗鲡科	鳗鲡	*Anguilla japonica*（Temminck et Schlegel）
5	鲤形目	胭脂鱼科	胭脂鱼	*Myxocyprinus asiaticus*（Bleeker）
6	鲤形目	鳅科、条鳅亚科	侧纹云南鳅	*Yunnanilus pleurotaenia*（Regan）
7	鲤形目	鳅科、条鳅亚科	红尾副鳅	*Paracobitis variegatus*（Sauvage，Dabry et Thiersant）
8	鲤形目	鳅科、条鳅亚科	短体副鳅	*Paracobitis potanini*（Günther）
9	鲤形目	鳅科、条鳅亚科	横纹南鳅	*Schistura fasciolata*（Nichols et Pope）
10	鲤形目	鳅科、条鳅亚科	戴氏山鳅	*Oreias dabryi*（Sauvage）
11	鲤形目	鳅科、条鳅亚科	秀丽高原鳅	*Triplophysa venusta*（Zhu et Gao）
12	鲤形目	鳅科、条鳅亚科	西昌高原鳅	*Triplophysa xichangcnsis*（Zhu et Gao）
13	鲤形目	鳅科、条鳅亚科	东方高原鳅	*Triplophysa orientalis*（Herzenstein）
14	鲤形目	鳅科、条鳅亚科	安氏高原鳅	*Triplophysa angeli*（Fang）
15	鲤形目	鳅科、条鳅亚科	前鳍高原鳅	*Triplophysa anterodorsalis*（Zhu et Cao）
16	鲤形目	鳅科、条鳅亚科	贝氏高原鳅	*Triplophysa bleekeri*（Sauvage et Dabry）
17	鲤形目	鳅科、条鳅亚科	梭形高原鳅	*Triplophysa leptosoma*（Herzenstein）
18	鲤形目	鳅科、条鳅亚科	细尾高原鳅	*Triplophysa stenura*（Herzcnstein）
19	鲤形目	鳅科、沙鳅亚科	中华沙鳅	*Botia superciliaris*（Günther）
20	鲤形目	鳅科、沙鳅亚科	宽体沙鳅	*Botia reevesae*（Chang）
21	鲤形目	鳅科、沙鳅亚科	花斑副沙鳅	*Parabotia fasciata*（Dabry et Thiersant）
22	鲤形目	鳅科、沙鳅亚科	双斑副沙鳅	*Parabotia bimaculata*（Chen）
23	鲤形目	鳅科、沙鳅亚科	长薄鳅	*Leptobotia elongata*（Bleeker）
24	鲤形目	鳅科、沙鳅亚科	紫薄鳅	*Leptobotia taeniops*（Sauvage）
25	鲤形目	鳅科、沙鳅亚科	薄鳅	*Leptobotia pellegrini*（Fang）
26	鲤形目	鳅科、沙鳅亚科	红唇薄鳅	*Leptobotia rubrilabris*（Dabry et Thiersant）
27	鲤形目	鳅科、花鳅亚科	中华花鳅	*Cobitis sinensis*（Sauvage et Dabry）
28	鲤形目	鳅科、花鳅亚科	泥鳅	*Misgurnus anguillicaudatus*（Cantor）
29	鲤形目	鲤科、鲹亚科	宽鳍鱲	*Zacco platypus*（Temminck et Schlegel）

续表

序号	目	科（亚科）	中文种名	拉丁学名
30	鲤形目	鲤科、鲤亚科	马口鱼	*Opsariichthys bidens*（Günther）
31	鲤形目	鲤科、鲤亚科	中华细鲫	*Aphyocypris chinensis*（Günther）
32	鲤形目	鲤科、雅罗鱼亚科	青鱼	*Mylopharyngodon piceus*（Richardson）
33	鲤形目	鲤科、雅罗鱼亚科	鳡	*Luciobrama macrocephalus*（Lácepède）
34	鲤形目	鲤科、雅罗鱼亚科	草鱼	*Ctenopharyngodon idellus*（Cuvier et Valenciennes）
35	鲤形目	鲤科、雅罗鱼亚科	赤眼鳟	*Squaliobarbus curriculus*（Richardson）
36	鲤形目	鲤科、雅罗鱼亚科	鳤	*Ochetobius elongatus*（Kner）
37	鲤形目	鲤科、雅罗鱼亚科	鳡	*Elopichthys bambusa*（Richardson）
38	鲤形目	鲤科、鲴亚科	银鲴	*Xenocypris argentea*（Günther）
39	鲤形目	鲤科、鲴亚科	黄尾鲴	*Xenocypris davidi*（Bleeker）
40	鲤形目	鲤科、鲴亚科	云南鲴	*Xenocypris yunnanensis*（Nichols）
41	鲤形目	鲤科、鲴亚科	宜宾鲴	*Xenocypris fangi*（Tchang）
42	鲤形目	鲤科、鲴亚科	细鳞鲴	*Xenocypris microlepis*（Bleeker）
43	鲤形目	鲤科、鲴亚科	圆吻鲴	*Distoechodon tumirostris*（Peters）
44	鲤形目	鲤科、鲢亚科	鳙	*Aristichthys nobilis*（Richardson）
45	鲤形目	鲤科、鲢亚科	鲢	*Hypophthalmichthys molitrix*（Cuvier et Valenciennes）
46	鲤形目	鲤科、鳑鲏亚科	中华鳑鲏	*Rhodeus sinensis*（Günther）
47	鲤形目	鲤科、鳑鲏亚科	高体鳑鲏	*Rhodeus ocellatus*（Kner）
48	鲤形目	鲤科、鱊亚科	短须鱊	*Acheilognathus barbatutus*（Günther）
49	鲤形目	鲤科、鱊亚科	无须鱊	*Acheilognathus gracilis*（Nichols）
50	鲤形目	鲤科、鱊亚科	兴凯鱊	*Acheilognathus chankaensis*（Dybowsky）
51	鲤形目	鲤科、鱊亚科	银飘鱼	*Pseudolaubuca sinensis*（Bleeker）
52	鲤形目	鲤科、鲌亚科	寡鳞飘鱼	*Pseudolaubuca engraulis*（Nichols）
53	鲤形目	鲤科、鲌亚科	华鳊	*Sinibrama wni*（Rendahl）
54	鲤形目	鲤科、鲌亚科	四川华鳊	*Sinibrama changi*（Chang）
55	鲤形目	鲤科、鲌亚科	高体近红鲌	*Ancherythroculter kurematsui*（Kimura）
56	鲤形目	鲤科、鲌亚科	短鳍近红鲌	*Ancherythroculter wangi*（Tchang）
57	鲤形目	鲤科、鲌亚科	黑尾近红鲌	*Ancherythroculter nigrocauda*（Yih et Woo）
58	鲤形目	鲤科、鲌亚科	西昌白鱼	*Anaburilius liui liui*（Chang）
59	鲤形目	鲤科、鲌亚科	嵩明白鱼	*A. songmingensis*（Chen et Chu）
60	鲤形目	鲤科、鲌亚科	短臀白鱼	*A. brevianalis*（Zhou et Cui）
61	鲤形目	鲤科、鲌亚科	半鳘	*Hemiculterella sauvagei*（Warpachowsky）
62	鲤形目	鲤科、鲌亚科	鳘	*Hemiculter leucisculus*（Basilewsky）
63	鲤形目	鲤科、鲌亚科	黑尾鳘	*Hemiculter tchangi*（Fang）
64	鲤形目	鲤科、鲌亚科	贝氏鳘	*Hemiculter bleekeri*（Warpachowsky）

续表

序号	目	科（亚科）	中文种名	拉丁学名
65	鲤形目	鲤科、鲌亚科	张氏鳘	*Hemiculter tchangi*（Fang）
66	鲤形目	鲤科、鲌亚科	红鳍原鲌	*Cultrichthys erythropterus*（Basilewsky）
67	鲤形目	鲤科、鲌亚科	翘嘴鲌	*Culter alburnus*（Basilewsky）
68	鲤形目	鲤科、鲌亚科	蒙古鲌	*Culter mongolicus mongolicus*（Basilewsky）
69	鲤形目	鲤科、鲌亚科	青梢鲌	*Culter dabryi*（Bleeker）
70	鲤形目	鲤科、鲌亚科	拟尖头鲌	*Culter arycephnloides*（Kreyenberg et Pappenheim）
71	鲤形目	鲤科、鲌亚科	鳊	*Parabramis pekinensis*（Basilewsky）
72	鲤形目	鲤科、鲌亚科	厚颌鲂	*Megalobrama pellegrini*（Tchang）
73	鲤形目	鲤科、鲌亚科	长体鲂	*Megalobrama elongata*（Huang et Zhang）
74	鲤形目	鲤科、鮈亚科	唇鲴	*Hemibarbus labeo*（Pallas）
75	鲤形目	鲤科、鮈亚科	花鲴	*Hemibarbus maculatus*（Bleeker）
76	鲤形目	鲤科、鮈亚科	似鮈	*Belligobio nummifer*（Boulenger）
77	鲤形目	鲤科、鮈亚科	麦穗鱼	*Pseudorasbora parva*（Temminck et Schlegel）
78	鲤形目	鲤科、鮈亚科	华鳈	*Sarcocheilichthys sinensis sinensis*（Bleeker）
79	鲤形目	鲤科、鮈亚科	黑鳍鳈	*Sarcocheilichthys nigripinnis*（Günther）
80	鲤形目	鲤科、鮈亚科	短须颌须鮈	*Gnathopogon imberbis*（Sauvage et Dabry）
81	鲤形目	鲤科、鮈亚科	银鮈	*Squalidus argentatus*（Sauvage et Dabry）
82	鲤形目	鲤科、鮈亚科	点纹银鮈	*Squalidus wolterstorffi*（Regan）
83	鲤形目	鲤科、鮈亚科	铜鱼	*Coreius heterodon*（Bleeker）
84	鲤形目	鲤科、鮈亚科	圆口铜鱼	*Coreius guichenoti*（Sauvage et Dabry）
85	鲤形目	鲤科、鮈亚科	吻鮈	*Rhinogobio typus*（Bleeker）
86	鲤形目	鲤科、鮈亚科	圆筒吻鮈	*Rhinogobio cylindricus*（Günther）
87	鲤形目	鲤科、鮈亚科	长鳍吻鮈	*Rhinogobio ventralis*（Sauvage et Dabry）
88	鲤形目	鲤科、鮈亚科	裸腹片唇鮈	*Platysmacheilus nudiventris*（Lo，Yao et Chen）
89	鲤形目	鲤科、鮈亚科	钝吻棒花鱼	*Abbotina obtusirostris*（Wu et Wang）
90	鲤形目	鲤科、鮈亚科	乐山小鳔鮈	*Microphysogobio kiatingensis*（Wu）
91	鲤形目	鲤科、鮈亚科	长蛇鮈	*Saurogobio dumerili*（Bleeker）
92	鲤形目	鲤科、鮈亚科	蛇鮈	*Saurogobio dabryi*（Bleeker）
93	鲤形目	鲤科、鮈亚科	光唇蛇鮈	*Saurogobio gymnocheilus*（Lo，Yao et Chen）
94	鲤形目	鲤科、鮈亚科	短身鳅鮀	*Gobiobotia abbreviata*（Fang et Wang）
95	鲤形目	鲤科、鳅鮀亚科	宜昌鳅鮀	*Gobiobotia filifer*（Garman）
96	鲤形目	鲤科、鳅鮀亚科	异鳔鳅鮀	*Xenophysogobio boulengeri*（Tchang）
97	鲤形目	鲤科、鳅鮀亚科	裸体异鳔鳅鮀	*Xenophysogobio nudicorpa*（Huang et Zhang）
98	鲤形目	鲤科、鲃亚科	中华倒刺鲃	*Spinibarbus sinensis*（Bleeker）
99	鲤形目	鲤科、鲃亚科	鲈鲤	*Percocypris pingi pingi*（Tchang）

续表

序号	目	科（亚科）	中文种名	拉丁学名
100	鲤形目	鲤科、鲃亚科	宽口光唇鱼	*Acrossocheilus monticola*（Günther）
101	鲤形目	鲤科、鲃亚科	云南光唇鱼	*Acrossocheilus yunnanensis*（Regan）
102	鲤形目	鲤科、鲃亚科	白甲鱼	*Onychostoma sima*（Sauvage et Dabry）
103	鲤形目	鲤科、鲃亚科	四川白甲鱼	*Onychostoma angustistomata*（Fang）
104	鲤形目	鲤科、鲃亚科	瓣结鱼	*Tor*（*Folifer*）*brevifilis brevifilis*（Peters）
105	鲤形目	鲤科、野鲮亚科	华鲮	*Sinilabeo rendahli rendahli*（Kimura）
106	鲤形目	鲤科、野鲮亚科	泉水鱼	*Semilabeo prochilus*（Sauvage et Dabry）
107	鲤形目	鲤科、野鲮亚科	墨头鱼	*Garra pingi pingi*（Tchang）
108	鲤形目	鲤科、野鲮亚科	云南盘鮈	*Discogobio yunnanensis*（Regan）
109	鲤形目	鲤科、裂腹鱼亚科	短须裂腹鱼	*Schizothorax*（*Schizothorax*）*wangchiachii*（Fang）
110	鲤形目	鲤科、裂腹鱼亚科	长丝裂腹鱼	*Schizothorax*（*Schizothorax*）*dolichonema*（Herzenstein）
111	鲤形目	鲤科、裂腹鱼亚科	齐口裂腹鱼	*Schizothorax*（*Schizothorax*）*prenanti*（Tchang）
112	鲤形目	鲤科、裂腹鱼亚科	细鳞裂腹鱼	*Schizothorax*（*Schizothorax*）*chongi*（Fang）
113	鲤形目	鲤科、裂腹鱼亚科	昆明裂腹鱼	*Schizothorax*（*Schizothorax*）*grahami*（Regan）
114	鲤形目	鲤科、裂腹鱼亚科	四川裂腹鱼	*Schizothorax*（*Racoma*）*kozlovi*（Nikolsky）
115	鲤形目	鲤科、裂腹鱼亚科	厚唇裸重唇鱼	*Gymnodiptychus pachycheilus*（Herzenstein）
116	鲤形目	鲤科、裂腹鱼亚科	岩原鲤	*Procypris rabaudi*（Tchang）
117	鲤形目	鲤科、鲤亚科	鲤	*Cyprinus*（*Cyprinus*）*carpio*（Linnaeus）
118	鲤形目	鲤科、鲤亚科	鲫	*Carassius auratus*（Linnaeus）
119	鲤形目	平鳍鳅科	横斑原缨口鳅	*Vanmanenia striata*（Chen）
120	鲤形目	平鳍鳅科	四川爬岩鳅	*Beaufortia szechuanensis*（Fang）
121	鲤形目	平鳍鳅科	犁头鳅	*Lepturichthys fimbriata*（Günther）
122	鲤形目	平鳍鳅科	窑滩间吸鳅	*Hemimyzon yaotanensis*（Fang）
123	鲤形目	平鳍鳅科	短身间吸鳅	*Hemimyzon abbreviata*（Günther）
124	鲤形目	平鳍鳅科	中华间吸鳅	*Hemimyzon sinensis*（Sauvage Dabry et Thiersant）
125	鲤形目	平鳍鳅科	西昌华吸鳅	*Sinogastromyzon sichangensis*（Chang）
126	鲤形目	平鳍鳅科	四川华吸鳅	*Sinogastromyzon szechuanensis*
127	鲤形目	平鳍鳅科	峨眉后平鳅	*Metahomaloptera omeiensis*（Chang）
128	鲇形目	鲇科	鲇	*Silurus asotus*（Linnaeus）
129	鲇形目	鲇科	大口鲇	*Silurus meridionalis*（Chen）
130	鲇形目	鲿科	黄颡鱼	*Pelteobagrus fulvidraco*（Richardson）
131	鲇形目	鲿科	瓦氏黄颡鱼	*Pelteobagrus vachclli*（Richardson）
132	鲇形目	鲿科	光泽黄颡鱼	*Pelteobagrus nitidus*（Sauvage et Dabry）
133	鲇形目	鲿科	长吻鮠	*Leiocassis longirostris*（Günther）
134	鲇形目	鲿科	粗唇鮠	*Leiocassis crassilabris*（Günther）

序号	目	科（亚科）	中文种名	拉丁学名
135	鲇形目	鲿科	中臀拟鲿	*Pseudobagrus mcdianalis*（Regan）
136	鲇形目	鲿科	乌苏拟鲿	*Pseudobagrus ussuriensis*（Dybowski）
137	鲇形目	鲿科	切尾拟鲿	*Pseudobagrus truncatus*（Regan）
138	鲇形目	鲿科	凹尾拟鲿	*Pseudobagrus emarginatus*（Regan）
139	鲇形目	鲿科	细体拟鲿	*Pseudobagrus pratti*（Günther）
140	鲇形目	鲿科	短尾拟鲿	*Pseudobagrus brevicaudatus*（Wu）
141	鲇形目	鲿科	大鳍鳠	*Mystus macropterus*（Bleeker）
142	鲇形目	钝头鮠科	白缘䱀	*Liobagrus marginatus*（Günther）
143	鲇形目	钝头鮠科	黑尾䱀	*Liobagrus nigricauda*（Regan）
144	鲇形目	钝头鮠科	拟缘䱀	*Liobagrus marginatoides*（Wu）
145	鲇形目	鮡科	中华纹胸鮡	*Glyptothorax sinense*（Regan）
146	鲇形目	鮡科	福建纹胸鮡	*Glyptothorax fukianensis*（Rendahl）
147	鲇形目	鮡科	青石爬鮡	*Euchiloglanis davidi*（Sauvage）
148	鲇形目	鮡科	黄石爬鮡	*Euchiloglanis kishinouyei*（Kimura）
149	鲇形目	鮡科	前臀鮡	*Pareuchiloglanis anteanalis*（Fang，Xu et Cui）
150	鳉形目	青鳉科	中华青鳉	*Oryzias latipes sinensis*（Chen，Uwa et Chu）
151	合鳃目	合鳃鱼科	黄鳝	*Monopterus albus*（Zuiew）
152	鲈形目	鮨科	鳜	*Siniperca chuatsi*（Basilewsky）
153	鲈形目	鮨科	大眼鳜	*Siniperca kneri*（Garman）
154	鲈形目	鮨科	斑鳜	*Siniperca scherzeri*（Steindachner）
155	鲈形目	塘鳢科	小黄黝鱼	*Micropercops swinhonis*（Günther）
156	鲈形目	鰕虎鱼科	子陵栉鰕虎鱼	*Ctenogobius giurinus*（Rutter）
157	鲈形目	鰕虎鱼科	子陵吻鰕虎鱼	*Rhenogobius giurinus*（Rutter）
158	鲈形目	鰕虎鱼科	波氏吻鰕虎鱼	*Rhenogobius cliffordpopei*（Nichols）
159	鲈形目	斗鱼科	叉尾斗鱼	*Macropodus opercularis*（Linnaeus）
160	鲈形目	鳢科	乌鳢	*Channa argus*（Cantor）

附表 2　金沙江下游保护性鱼类名录

序号	目	科（亚科）	中文种名	拉丁学名
1	鲟形目	鲟科	长江鲟	*Acipenser dabryanus*（Duméril）
2		匙吻鲟科	白鲟	*Psephurus gladius*（Matens）
3	鲤形目	亚口鱼科	胭脂鱼	*Myxocyprinus asiaticus*（Bleeker）
4		鳅科	短体副鳅	*Paracobitis potanini*（Günther）
5			戴氏山鳅	*Oreias dabryi*（Sauvage）
6			秀丽高原鳅	*Triplophysa venusta*（Zhu et Cao）

续表

序号	目	科（亚科）	中文种名	拉丁学名
7			前鳍高原鳅	*Triplophysa anterodorsalis*（Zhu et Cao）
8			宽体沙鳅	*Botia reevesae*（Chang）
9		鳅科	双斑副沙鳅	*Parabotia bimaculata* Chen
10			长薄鳅	*Leptobotia elongata*（Bleeker）
11			红唇薄鳅	*Leptobotia rubrilabris*（Dabry）
12		鲴亚科	云南鲴	*Xenocypris yunnanensis*（Nichols）
13			宜宾鲴	*Xenocypris fangi*（Tchang）
14		雅罗鱼亚科	鳡	*Leuciobrama macrocephalus*（Lacep.）
15			鳤	*Ochetobius elongatus*（Kner）
16			四川华鳊	*Sinibrama changi*（Chang）
17		鲌亚科	高体近红鲌	*Ancherythroculter kurematsui*（Kimura）
18			短鳍近红鲌	*Ancherythroculter wangi*（Tchang）
19			黑尾近红鲌	*Ancherythroculter nigrocauda*（Yih et Woo）
20			西昌白鱼	*Anabarilius liui liui*（Chang）
21			嵩明白鱼	*Anabarilius songmingensis*（Chen et Chu）
22		鲤科、鲌亚科	短臀白鱼	*Anabarilius brevianalis*（Zhou et Cui）
23			半鳘	*Hemiculterella sauvagei*（Warpachowski）
24	鲤形目		张氏鳘	*Hemiculter tchangi*（Fang）
25			厚颌鲂	*Megalobrama pellegrini*（Tchang）
26			长体鲂	*Megalobrama elongata*（Huang et Zhang）
27			圆口铜鱼	*Coreius guichenoti*（Sauvage et Dabry）
28			圆筒吻鮈	*Rhinogobio cylindricus*（Günther）
29		鲤科、鮈亚科	长鳍吻鮈	*Rhinogobio ventralis*（Sauvage et Dabry）
30			裸腹片唇鮈	*Platysmacheilus nudiventris*（Lo，Yao et Chen）
31			钝吻棒花鱼	*Abbotina obtusirostris*（Wu et Wang）
32			短身鳅鮀	*Gobiobotia abbreviata*（Fang et Wang）
33		鲤科、鳅鮀亚科	异鳔鳅鮀	*Xenophysogobio boulengeri*（Tchang）
34			裸体鳅鮀	*Xenophysogobio nudicorpa*（Huang et Zhang）
35			鲈鲤	*Percocypris pingi*（Tchang）
36		鲤科、鲃亚科	宽口光唇鱼	*Acrossocheilus monticola*（Günther）
37			四川白甲鱼	*Onychostoma angustistomata*（Fang）
38		野鲮亚科	华鲮	*Sinilabeo rendahli*（Kimura）
39			短须裂腹鱼	*Schizothorax*（*Schizothorax*）*wangchiachii*（Fang）
40		裂腹鱼亚科	长丝裂腹鱼	*Schizothorax*（*Schizothorax*）*dolichonema* Herzenstein
41			齐口裂腹鱼	*Schizothorax*（*Schizothorax*）*prenanti*（Tchang）

序号	目	科（亚科）	中文种名	拉丁学名
42	鲤形目	裂腹鱼亚科	细鳞裂腹鱼	*Schizothorax*（*Schizothorax*）*chongi*（Fang）
43			昆明裂腹鱼	*Schizothorax*（*Schizothorax*）*grahami*（Regan）
44		鲤科、裂腹鱼亚科	四川裂腹鱼	*Schizothorax*（*Racoma*）*kozlovi*（Nikolsky）
45		鲤亚科	岩原鲤	*Procypris rabaudi*（Tchang）
46		平鳍鳅科	侧沟爬岩鳅	*Beaufortia liui*（Chang）
47			四川爬岩鳅	*Beaufortia szechuanensis*（Fang）
48			窑滩间吸鳅	*Hemimyzon yaotanensis*（Fang）
49			短身金沙鳅	*Jinshaia abbreviata*（Günther）
50			中华金沙鳅	*Jinshaia sinensis*（Sauvage et Dabry）
51			西昌华吸鳅	*Sinogastromyzon sichangensis*（Chang）
52			峨眉后平鳅	*Metahomaloptera omeiensis*（Chang）
53			四川华吸鳅	*Sinogastromyzon szechuanensis szechuanensis*（Fang）
54	鲇形目	鲿科	长须鮠	*Leiocassis longibarbus*（Cui）
55			中臀拟鲿	*Pseudobagrus medianalis*（Regan）
56		钝头鮠科	拟缘䱀	*Liobagrus marginatoides*（Wu）
57		鮡科	黄石爬鮡	*Euchiloglanis kishinouyei*（Kimura）
58			青石爬鮡	*Euchiloglanis davidi*（Sauvage）
59			前臀鮡	*Pareuchiloglanis anteanalis*（Fang，Xu et Cui）